高等学校规划教材

量子计算导论

戴　航　李晓宇　杨黎斌　蔡晓妍　编

西北工业大学出版社

西　安

【内容简介】 本书内容(除第一讲引论及第十八讲结语外)可分为以下几个部分。第一部分是预备知识,包括线性代数复习和量子力学的基本假设,主要阐述量子系统建模问题,这是本书的切入点。第二部分是量子计算基础,包括量子比特,量子门、量子线路和酉运算,量子测量、量子黑盒等。第三部分是四个重要的量子算法,包括 Deutsch‐Jozsa 算法、Grover 搜索算法、Shor 算法和 HHL 算法。这部分中的量子 Fourier 变换是 Shor 算法和 HHL 算法的子算法。这部分中也简略地介绍了量子仿真计算。第四部分是几个重要的量子通信技术,包括量子超密编码、量子隐形传态、量子密钥分发等。

本书主要是作为高等学校计算机和自动控制学科的研究生和本科生学习量子计算的基础教材,也可作为该学科领域专业人员短训班的专题教材。

图书在版编目(CIP)数据

量子计算导论 / 戴航等编. — 西安 : 西北工业大学出版社,2023.9
ISBN 978‐7‐5612‐8709‐5

Ⅰ. ①量… Ⅱ. ①戴… Ⅲ. ①量子计算机 Ⅳ. ①TP385

中国国家版本馆 CIP 数据核字(2023)第 080301 号

LIANGZI JISUAN DAOLUN

量 子 计 算 导 论

戴航 李晓宇 杨黎斌 蔡晓妍 编

责任编辑:杨 军 胡莉巾		策划编辑:杨 军	
责任校对:张 友		装帧设计:李 飞	

出版发行:西北工业大学出版社
通信地址:西安市友谊西路 127 号 邮编:710072
电 话:(029)88491757,88493844
网 址:www.nwpup.com
印 刷 者:陕西向阳印务有限公司
开 本:787 mm×1 092 mm 1/16
印 张:11.5
字 数:206 千字
版 次:2023 年 9 月第 1 版 2023 年 9 月第 1 次印刷
书 号:ISBN 978‐7‐5612‐8709‐5
定 价:39.00 元

前　言

　　"量子计算和量子信息"是利用量子力学规律进行信息存贮、处理与传输的新兴交叉学科。基于量子叠加性、量子纠缠态、量子状态不可克隆性等等特殊属性，量子计算机与量子信息系统具有多种颠覆性功能，可以完成经典计算机与经典信息系统无法解决的一系列问题。

　　当前在科学技术的舞台上，量子计算机已醒目地展露身影，虽然它还很笨重，运行条件苛刻，又面临退相干等等技术障碍，这犹如 20 世纪 50 年代第一代电子管计算机的情况：体积庞大，需要空调房，工作也不太可靠。那时没有人能预测经典计算机对人类的改变和人类对其依赖程度有多大。然而，2012 年诺贝尔物理学奖的新闻稿中却已指出：就像 20 世纪经典计算机改变了我们的生活一样，21 世纪量子计算机也会以相同的方式改变我们的日常生活。

　　进入 21 世纪以来，"量子计算和量子信息"已成为世界各国最热门、最前沿的研究方向之一，并且在人工智能（Artificial Intelligence，AI）、大数据、国家安全、武器研究、社交媒体、通信网络、金融模型与软件、分子结构、新医药和新材料研制、新能源利用、加密技术与优化、物流系统、气候变化、量子测量和量子传感器等等方面得到初步应用。在我国第十四个五年规划中，亦把"量子计算和量子信息"列为具有前瞻性、战略性的研究领域之一。

　　很明显，及早进入该领域的研究对有关专业的科技和工程人员是十分必要的。为此我们为高等学校计算机和自动控制学科的研究生和本科生编写了这本"量子计算导论"基础教材，它也可作为该学科领域专业人员短训班的专题教材。

　　本书以讲述量子计算的应用为目的，以量子系统的建模为切入点，以几个具有颠覆性功能的量子算法为重点，简要地阐述量子计算的基本概念、原理和方法，为读者进一步研读有关专著打下基础。如将本书作为教材，可以使读者在较短时间（约 40 学时）内，一方面掌握使用量子计算机的初步能力，另一方面提高将先进量子算法与专业领域中应用场景相结合的创新潜能。

本书由戴航、李晓宇、杨黎斌和蔡晓妍编写,由戴冠中、慕德俊主审。研究生左鑫、郭松为书稿文字输入做了大量的工作。

按照国际上流行的量子计算著作的排版方式,本书中的向量、张量与矩阵符号不采用黑体,特此说明。

由于水平有限,且未经过一定的教学实践,书中的不妥之处在所难免,敬请读者批评指正。

编　者

2022 年 5 月

于西北工业大学

网络空间安全学院

目　　录

第一讲 引 论

20世纪末,科学家发现,利用量子力学的规律可以存贮、处理和传输信息,以完成最先进的经典计算机和通信系统也无法解决的一系列问题,从而出现了一门新兴学科——量子信息学。它是量子力学与信息科学之间的交叉融合学科,包括量子计算与量子信息。量子计算主要研究量子算法和量子计算机,而量子信息主要研究以量子为介质的信息通信功能。两者都是遵循量子力学规律,操控量子信息单元进行计算和通信。

众所周知,作为现代物理学中心的量子力学,是在经典物理学遭遇一系列危机中应运而生的。量子力学是研究亚原子粒子(光子、电子、原子等)运动规律的科学。从经典物理学来看,我们会感到量子力学的一些规律违反直觉。这促使基于量子力学规律而建立起来的量子信息的处理与传输,具有一系列颠覆性的功能,引起科技界的广泛关注,特别是21世纪以来,研究热潮迭起。在我国第十四个五年规划中,已把包括"量子计算和量子信息"在内的八大前沿科技领域列为具有前瞻性、战略性的研究领域。

1.1 "量子计算和量子信息"研究的重要性

● 量子状态的叠加性

我们知道,经典信息的基本单位是比特(bit,0或1),也称之为经典比特;相应地,量子信息的基本单位是量子比特(quantum bit,简写为qubit)。一台量子计算机是由许多量子比特所组成的系统。从物理学上讲,一个量子比特是一个两能级系统,例如一个自旋$\frac{1}{2}$粒子的两个自旋态、一个光子的水平极化和垂直极化态、一个原子的基态和激发态等等。图1.1表示了用原子中电子的两个能级表示的量子比特。

量子比特的两个可能状态表示为|0⟩和|1⟩(称之为 Dirac 记号),它们对应经典比特的 0 和 1。量子比特的特殊性在于,量子的状态可以落在|0⟩和|1⟩之间,即它可以在|0⟩和|1⟩的叠加状态下运动。从数学上说,我们可以测量得到量子比特为|0⟩的概率为$|\alpha|^2$,比特为|1⟩的概率为$|\beta|^2$。显然,$|\alpha|^2+|\beta|^2=1$。由此可见,量子比特的状态实质上就是经典的(0-1)概率分布。这意味着,量子比特可以是|0⟩和|1⟩两个状态的线性组合,即叠加态(superposition)。

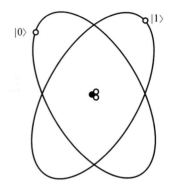

图 1.1　用两个能级表示的量子比特

量子计算机的计算从本质上说,就是变换众多量子比特状态的概率分布。量子计算机的高效率,归因于典型的量子现象,尤其是量子状态的叠加性,正是由于量子叠加性,量子计算机才能够提供无与伦比的并行存贮与并行处理能力。通常量子计算机是一个拥有大量量子比特的系统,例如 Google 和 IBM 公司分别研制的 72 qubits 和 50 qubits 的量子计算机、我国研制的 66 qubits 的"祖冲之2.0"量子计算机原型机等。大量量子比特的叠加性,使量子计算机具有内在的并行性,它可以在单次运行中并行处理超量的量子信息。对于一些特定的问题(这些问题往往具有举足轻重的应用场景),基于量子规律的量子算法,充分利用量子信息所固有的并行性,把量子计算机的效率可提高到使经典计算机望尘莫及(在速度上指数级超越任何经典计算机)的高度,从而实现许多在经典意义上不可能实现的算法。

摩尔定律指出,单片集成电路芯片上所能放置的晶体管数目,大约在一年半到两年内翻一番。但是电路元件的尺寸终究有极限,到了纳米量级的尺寸,量子效应的干涉就会显现,芯片密度将达到极限。因此,为了进一步提高"算力",利用量子现象所固有的量子并行性,研究具有高度内在并行性的量子计算非常必要。

● 四个具有里程碑意义的量子算法

量子算法是量子计算的关键。我们知道,基于经典比特和布尔逻辑的经典算法与经典计算机,是研究基于量子比特和量子逻辑的量子算法与量子计算机的参考体系。然而,多年来已研究成功的比经典算法更好的量子算法非常之少,其原因有二:一是算法设计本身就不容易,发明超过已知经典算法的量子算法更是不易;二是人们的直觉更适应经典世界,要创造出基于量子特殊现象的更好的量子算法,需要特别的灵感和技巧,更依赖特殊应用需求的推动。到目前为止,已出现四个具有里程碑意义的量子算法。

(1)Deutsch 算法(1985 年)。Deutsch 提出了识别函数类型的量子算法,这是首个超越经典算法的量子算法,具有突破性。1992 年,Deutsch – Jozsa 算法将原算法推广到一般情况。一个相当直接的推广,却花了 7 年时间才出现,这非常令人惊讶。虽然 Deutsch – Jozsa 算法的应用场景尚不明确,但它包含着能够胜过经典计算机的量子并行性和量子相干性这两项关键技术,这对充分发挥量子算法的巨大潜力有很大的启发性。

(2)Shor 算法(1994 年)。基于量子 Fourier 算法基础的 Shor 算法有效地解决了大整数的素因子分解问题,这是经典计算机上尚无有效解法的难题。相对于任何已知的素因子分解经典算法,Shor 算法在速度上的加速是指数级的。值得指出的是,一旦在大规模量子计算机上实现了 Shor 算法,那么当今广泛应用的 RSA 密码系统将不再安全。针对离散对数问题的 Shor 算法,还可破解其他公钥密码系统。量子计算机在破解密码系统上的应用,引发了人们对量子计算和量子信息研究的极大兴趣。

(3)Grover 算法(1996 年)。Grover 算法又称为量子搜索算法,它属于在非结构化搜索空间上进行搜索的量子算法。Grover 算法充分发挥量子计算机内在并行化操作的优势,在速度上是二次方的加速。值得指出的是,Grover 算法的应用非常广泛,如非结构化数据库的量子搜索、量子计数、NP 完全问题求解的加速等。其应用场景遍及 5G 通信网络、AI 技术、生物与材料计算等等领域。

(4)HHL 算法(2009 年)。HHL 算法是解线性方程组(特别是超大型线性方程组)的量子算法。众所周知,超大型线性方程组的算法是求解数学、物理和计算机科学中大量问题的中心算法。同样地,HHL 算法充分发挥量子计算机内在并行化操作的优势,大大加速了计算速度。

● 量子学习理论

随着 AI 技术的迅速发展,涌现出大量的机器学习算法。近年来,机器学习与量子计算相融合,出现了各种量子机器学习算法。用量子计算机来实现机器学习的有关理论,称为量子学习理论。基于量子计算机内在并行化操作的优势,将 Shor 算法、Grover 搜索算法和 HHL 算法等应用到机器学习上,大大加速了 AI 的学习过程。

● 量子计算机的能量消耗问题

量子计算机另一个令人感兴趣的原因是,原则上说,它有可能避免耗散。经典计算机通过布尔逻辑门进行信息操作,这种操作是不可逆的,本质上是耗散的,消耗能量的。相反,量子计算机的量子演化是酉性的,即量子逻辑门进行酉变换的信息操作,而酉变换是可逆的。因此,至少从原理上讲,量子计算机的运行可以没有能量消耗。当然,为了使量子计算机系统稳定及抗噪声等等,还是需要消耗能量的。量子计算机上的可逆化信息操作(酉变换),一方面限制了信息处理的灵活性,另一方面却使信息操作没有热损耗。

● 量子纠缠

量子纠缠是最引人入胜也最违反直觉的量子现象。纠缠的含义是,两个(或多个)粒子在特定的温度、磁场等环境下,可以处于稳定的量子纠缠状态,即分离开的两个纠缠粒子,在没有任何通信的情况下,呈现出相关联的一致的状态,如果其中一个量子状态发生改变,另一个量子状态也会瞬时发生相应改变。微观粒子的量子纠缠是一种纯量子的、不依赖空间距离的奇特现象,它违反了经典物理学的实在性原理和局域性原理,从而是一种在本质上超出宏观范畴的独特资源。量子纠缠在量子通信的应用上起着关键作用。应当指出,量子纠缠态在实验上是可以操控和制备的。

● 量子通信应用

(1)量子隐形传态。这是量子纠缠现象在量子通信领域中的直接应用。具体说,量子隐形传态是指在一对量子纠缠资源的辅助下,将某个未知量子状态信息从一处瞬间传送到另一处。应当指出,传递的仅是量子信息,而非信息所依存的物质(粒子)。再者,根据量子力学中海森伯测不准原理,测量过程一般都要扰动被测量系统,因此在量子隐形传态的操作中,传输一方的信息操作会破坏被传粒子的量子状态,而在另一方重新生成了想要传输的状态。当前,量子隐形传态还只能传少量粒子的量子状态,离应用还有一定距离。已获得应用的是量子密码,这在军事、政务、金融领域已开始应用,我国已经建立了少量的量子政务网。

(2)量子超密编码。这是量子纠缠现象在量子通信领域中的另一应用。具体说,量子超密编码是通过对两个纠缠的量子比特中的一方进行操作,从而传送了两个比特的经典信息,其编码效率大大提高。

(3)量子密码术。海森伯测不准原理和量子状态不可克隆原理可用以防止量子信道的入侵，即一旦信道中的信息被窃听或修改，就立即扰动信息的传输方及接收方。据此，可用于量子密钥分配（QKD）和制订量子密码协议等。另外，一旦大尺度量子计算机被建造出来，著名的 RSA 密码系统就可破译。这意味着，对于需要在长而不确定的时间内进行加密通信的系统，目前的公钥密码体系已不能提供充分的安全保证。

（4）量子通信。可以利用光纤进行量子通信，但其瓶颈是，吸收损耗以及光子去偏振概率都随光纤的长度而呈指数级增长。为了增加距离，可以利用量子转发器。另一个方案是，量子比特（光子）在自由空间中传播。实验证实，沿着光路所遇到的湍流，与地球卫星传输中的等效湍流是可比较的，因此，可以利用卫星联系在自由空间中的光子传输。我国发射的"墨子号"卫星就是世界上第一颗量子卫星。

（5）量子互联网。量子互联网是以多个量子计算机或其他量子器件为节点所组成的广大网络，用以实现地球上任意两个节点之间的量子通信。在量子互联网中，量子信息的处理、存贮和传输方式都反映了量子世界的奇异。若量子互联网与传统互联网协同，通过量子处理器的内在高度并行化处理、量子通信的瞬间传态和抗入侵性等超级能力，则可以获得传统互联网所无法具备的超强算力、安全性、隐私性等等超级性能。

1.2　本 书 特 点

"量子计算和量子信息"的兴起和发展已近 40 年，它是量子力学与信息科学相融合的新兴交叉学科，其发展方兴未艾。"量子计算和量子信息"所具有的重大的、颠覆性的应用前景和引人入胜的深奥的科学问题，一直吸引着世界各国科技界、工业界的注意力，它必将在 21 世纪的科技发展、经济社会进步中占有重要地位。

"量子计算和量子信息"的交叉课程，一方面是深奥的量子力学规律的科学问题，另一方面是具有颠覆性的量子信息的应用问题。从事计算机和自动控制的专业人员应将侧重点放在应用方面。

我们知道，"量子计算和量子信息"与经典计算和经典信息相比，前者拥有后者无法比拟的一些优势，同时前者也有一些局限。我们学习的注意力应放在量子计算与计算机、自动控制领域中应用场景的结合与实现上。

本书的特点如下：

（1）本书着重阐述量子计算的基本物理概念和重要应用结果，为计算机和自动控制领域的读者提供一个必需但不过于繁杂的实用指南。

（2）本书不囿于数学上的严格性，而是用必需而简要的数学方法来阐述基本概念和重要结果。

（3）为便于读者理解，我们尽量用经典计算机和经典信息来对比量子计算机和量子信息的有关问题。

（4）以量子力学的方式思考信息处理与传输，着力阐述量子叠加性和纠缠态等性质如何给信息处理和通信带来一些新的令人鼓舞的颠覆性技术，从而期望对计算机和自动控制领域的一系列特定应用场景，创造出超越经典计算机和通信系统的突破性解决方案。

（5）由于量子力学中的一些基本概念（如量子叠加性、纠缠态和量子测量等）比较抽象，甚至违反直觉，因此，根据相关的内容，我们在讲解中会反复解释这些概念。

（6）本书是关于量子计算理论的初步介绍，是关于量子算法的，而不述及量子计算机硬件和软件问题。因此，本书讲的不是如何构建量子计算机，而是如何使用量子计算机。

1.3　本书内容安排

本书除引论（第一讲）和结语（第十八讲）外，主要内容分为以下四部分：

（1）第一部分是预备知识，包括线性代数复习（第三、四讲）和量子力学的基本假设（第五讲），主要阐述量子系统建模问题，这是本书的切入点。

（2）第二部分是量子计算基础，包括量子比特（第二讲），量子门、量子线路和酉运算等（第六、七讲），量子测量、量子黑盒等（第八讲）。

（3）第三部分是四个重要的量子算法，包括：①Deutsch - Jozsa 算法（第九讲），②Grover 搜索算法（第十讲），③Shor 算法（第十二、十三讲），④HHL 算法（第十五讲），这是本书的重点。这部分中的量子 Fourier 变换（第十一讲）是 Shor 算法和 HHL 算法的子算法。这部分中也简略地介绍量子仿真计算（第十四讲）。

（4）第四部分是几个重要的量子通信技术，包括量子超密编码与量子隐形传态（第十六讲），量子密钥分发（第十七讲）。

第二讲 量子比特

比特(bit)是经典计算中信息的基本单位,相应地,量子计算中信息的基本单位是量子比特(qubit)。本讲我们比照经典比特,研究量子比特的属性。量子计算机是由众多量子比特所组成的系统,因此本讲也会介绍多量子比特系统。

2.1 单量子比特

● 量子比特的模型

一个量子比特(qubit)是一个两能级系统。自然界中有许多不同的物理系统可以实现量子比特,如光子两种不同(水平与垂直)的极化、均匀电磁场中核自旋的两种取向、图 1.1 中围绕单个原子的电子的两种状态(基态和激发态)等。

我们知道,一个经典比特是一个可以处于两种不同状态的系统,这两种状态用二进制数 0 和 1 来表示。相应地,一个量子比特也有两个可能的状态,用 Dirac 记号表示为 $|0\rangle$ 和 $|1\rangle$。经典比特的状态只能确定性地取为 0 或 1,但量子比特的状态可以概率性地取为 $|0\rangle$ 或 $|1\rangle$,即量子比特的状态可以是 $|0\rangle$ 和 $|1\rangle$ 的线性组合,称之为叠加态(superposition):

$$|\psi\rangle = \alpha|0\rangle + \beta|1\rangle \tag{2.1}$$

其中,$\alpha, \beta \in \mathbf{C}$(复数域),称为概率幅,服从归一化条件:

$$|\alpha|^2 + |\beta|^2 = 1 \tag{2.2}$$

因此,量子比特的状态是二维复向量空间中的单位向量,也可看作经典的二值概率分布。这里,$|0\rangle$ 和 $|1\rangle$ 为

$$|0\rangle = \begin{bmatrix} 1 \\ 0 \end{bmatrix}, \quad |1\rangle = \begin{bmatrix} 0 \\ 1 \end{bmatrix} \tag{2.3}$$

它们是构成该向量空间的一组正交归一基,通常称为计算基态(computational

basis state)。应当指出,我们无法通过观测量子比特来确定它的量子状态,亦即无法确定 α 和 β 的值。量子力学规律指出,在测量量子比特时,只能以概率为 $|\alpha|^2$ 得到 $|0\rangle$,以概率为 $|\beta|^2$ 得到 $|1\rangle$。当然 $|\alpha|^2 + |\beta|^2 = 1$,从几何意义上说,要求量子比特的状态归一化到长度 1。

从另一角度,我们也可以把量子比特的状态看作经典的 $(0-1)$ 概率分布,而把量子计算看作对该二值分布的变换。

● 量子比特的特点

现在可以总结出量子比特的特点:

(1)量子比特状态的组成:叠加态。

(2)量子比特状态的测量:只能获取状态的有限信息,即仅能以概率为 $|\alpha|^2$ 测量得到 $|0\rangle$,以概率为 $|\beta|^2$ 测量得到 $|1\rangle$,而无法测量得到概率幅 α 和 β 的值。为了得到 α 和 β,从理论上讲,需要对同样制备的单比特状态作无穷次测量。

(3)量子比特状态的约束:归一化 $|\alpha|^2 + |\beta|^2 = 1$。

(4)量子比特状态的变换:由于量子比特状态是单位向量,施于其上的变换只能是酉变换(保模变换)。

由上可知,经典比特所承载的信息只能是二进制数的一位;相应地,量子比特所承载的信息却是式(2.1)～式(2.3)所描述的二维复向量空间中的单位向量。量子比特这一叠加态,表明它比经典比特所承载的信息丰富得多。另外,量子比特的信息在处理、测量等方面也受到一定限制。

自 20 世纪 70 年代起,物理界用人工操作对单量子系统的完全可控性进行了深入研究,成功地获得了控制单量子系统的实验技术。多种实验提供了量子比特的物理实现,例如在核磁共振量子处理器中的分子的自旋、在空腔中的原子的状态($|0\rangle$ 对应于基态,$|1\rangle$ 为第一激发态)、在两个超导结之间进行隧穿的库珀(其中一个结为 $|0\rangle$ 态,另外一个结为 $|1\rangle$ 态)等。量子比特态的酉演化,可以通过调节磁场或激光场来控制。

2.2 双量子比特系统

● 双量子比特系统的模型

对于两个经典比特系统而言,共有四种可能状态:00、01、10 和 11。相应地,一个双量子比特系统也有四个基态:$|00\rangle$、$|01\rangle$、$|10\rangle$ 和 $|11\rangle$。其中,$|00\rangle$ 表示第一个

和第二个量子比特的基态均为$|0\rangle$,而$|01\rangle$、$|10\rangle$和$|11\rangle$同理。双量子比特系统的状态是其四个基态的线性组合,即如下叠加态:

$$|\psi\rangle = c_{00}|00\rangle + c_{01}|01\rangle + c_{10}|10\rangle + c_{11}|11\rangle \tag{2.4}$$

式中,复系数c_{00}、c_{01}、c_{10}和c_{11}称为概率幅。类似于单量子比特情况,出现测量结果$x = \{00,01,10,11\}$的概率是$|c_x|^2$。其中,$x \in \{0,1\}^2$,即x属于长度为2的$\{0,1\}$字符串的集合。概率之和为1的归一化条件为

$$\sum_{x \in \{0,1\}^2} |c_x|^2 = |c_{00}|^2 + |c_{01}|^2 + |c_{10}|^2 + |c_{11}|^2 = 1 \tag{2.5}$$

双量子比特的状态式(2.4)和式(2.5)是$2^2 = 4$维复向量空间中的单位向量,这里,$|00\rangle$、$|01\rangle$、$|10\rangle$和$|11\rangle$是该向量空间中的一组正交归一基,称为计算基态。

一个双量子比特系统可以由两个单量子比特复合组成。量子力学规律指出,复合物理系统的状态空间是分物理系统状态空间的张量积,这一点本书后面会阐述。下面我们直观地看一下,两个单量子比特如何复合组成一个双量子比特系统。

设两个单量子比特的状态分别为

$$|\psi_1\rangle = \alpha_1|0\rangle + \beta_1|1\rangle, \quad |\alpha_1|^2 + |\beta_1|^2 = 1 \tag{2.6}$$

$$|\psi_2\rangle = \alpha_2|0\rangle + \beta_2|1\rangle, \quad |\alpha_2|^2 + |\beta_2|^2 = 1 \tag{2.7}$$

该两个单量子比特所复合而成的双量子比特系统的状态为$|\psi\rangle = |\psi_1\psi_2\rangle$。根据初等概率的性质,有

$$|\psi_1\psi_2\rangle = (\alpha_1|0\rangle + \beta_1|1\rangle)(\alpha_2|0\rangle + \beta_2|1\rangle) =$$
$$\alpha_1\alpha_2|00\rangle + \alpha_1\beta_2|01\rangle + \alpha_2\beta_1|10\rangle + \beta_1\beta_2|11\rangle$$

由式(2.6)和式(2.7)不难验证:

$$|\alpha_1\alpha_2|^2 + |\alpha_1\beta_2|^2 + |\alpha_2\beta_1|^2 + |\beta_1\beta_2|^2 = 1$$

这就使双量子比特系统的状态向量满足归一化条件。

双量子比特系统的一般表示为

$$|\psi\rangle = \sum_{x \in \{0,1\}^2} c_x|x\rangle \tag{2.8}$$

归一化条件为

$$\sum_{x \in \{0,1\}^2} |c_x|^2 = 1 \tag{2.9}$$

● 量子纠缠问题

两个分离的单量子比特可以复合成一个双量子比特系统。现在我们提出一个反面问题:具有一般状态式(2.4)的双量子比特系统,是否总是可以分离为两个单量子比特式(2.6)和式(2.7)呢? 答案是否定的。事实上,式(2.4)的双量子状态$|\psi\rangle$是可分离的,当且仅当它可以分解为

$$|\psi\rangle = (\alpha_1|0\rangle + \beta_1|1\rangle)(\alpha_2|0\rangle + \beta_2|1\rangle) \qquad (2.10)$$

其中,$\alpha_1, \beta_1, \alpha_2$ 和 β_2 是复系数,满足归一化条件:

$$|\alpha_1|^2 + |\beta_1|^2 = 1, \quad |\alpha_2|^2 + |\beta_2|^2 = 1 \qquad (2.11)$$

如果式(2.4)的双量子状态$|\psi\rangle$找不到满足式(2.10)的两个单量子状态(即无法因式分解),它就是不可分离的,被称为是纠缠的。所以,若系统$|\psi\rangle$是纠缠的,就不可能分配两个单独的状态向量$|\psi_1\rangle$和$|\psi_2\rangle$给它。

现在我们观察下面的双量子状态(称为 Bell 态):

$$|\psi\rangle = \frac{1}{\sqrt{2}}(|00\rangle + |11\rangle) \qquad (2.12)$$

可由分离条件式(2.10)给出

$$\alpha_1\alpha_2 = \frac{1}{\sqrt{2}}, \quad \beta_1\beta_2 = \frac{1}{\sqrt{2}}, \quad \alpha_1\beta_2 = 0, \quad \beta_1\alpha_2 = 0$$

以上四个条件不可能同时满足,所以该双量子状态不可分离,它必为纠缠态。式(2.12)的 Bell 态,似乎很不起眼,但它和量子计算与量子信息中许多惊人的发现有关,它是量子隐形传态和量子超密编码的关键要素,还是其他许多有趣量子状态的原型。

2.3　多量子比特系统

● 多量子比特系统的模型

按照数学归纳法,可以把双量子比特系统的复合方法推广到多量子比特(n qubits) 系统中。至于对复合系统的进一步分析,要应用张量积的数学工具。

对于 n bits 经典系统,设 $x \in \{0,1\}^n$,即 x 属于长度为 n 的 $\{0,1\}$ 字符串的集合,该集合共有 2^n 个字符串。n bits 经典系统共有 2^n 种可能状态 x。相应地,对于 n qubits 量子系统,也有 2^n 个基态 $|x\rangle$。n qubits 量子系统的状态是其 2^n 个基态的线性组合,即如下的叠加态:

$$|\psi\rangle = \sum_{x \in \{0,1\}^n} c_x |x\rangle \qquad (2.13)$$

式中,复系数 c_x 称为概率幅。

类似地,出现测量结果为 x 的概率是 $|c_x|^2$。概率之和为 1 的归一化条件为

$$\sum_{x \in \{0,1\}^n} |c_x|^2 = 1 \qquad (2.14)$$

n qubits 量子系统的状态式(2.13)和式(2.14)是 2^n 维复向量空间中的单位向量。这里,$|x\rangle$ 是该向量空间的一组正交归一基,称为计算基态。

式(2.13)中,$x = i_1 \cdots i_n$,其中 $i_1, \cdots, i_n \in \{0,1\}$。于是式(2.13)和式(2.14)可改写成

$$|\psi\rangle = \sum_{i_1, \cdots, i_n} c_{i_1 \cdots i_n} |i_1 \cdots i_n\rangle \qquad (2.15)$$

$$\sum_{i_1, \cdots, i_n} |c_{i_1 \cdots i_n}|^2 = 1 \qquad (2.16)$$

如果用十进制数来表示,则式(2.15)和式(2.16)可改写成

$$|\psi\rangle = \sum_{i=0}^{2^n - 1} c_i |i\rangle \qquad (2.17)$$

$$\sum_{i=0}^{2^n - 1} |c_i|^2 = 1 \qquad (2.18)$$

其中,$\{|i\rangle, i = 0, \cdots, 2^n - 1\}$ 是状态向量空间的一组正交归一基,称为计算基态。这里要注意 $x \in \{0,1\}^n$ 和 $x \in \{0,1,\cdots,2^n - 1\}$ 的对应性。

对于 n qubits 量子系统,与双量子比特系统相同,它也可以由 n 个单量子比特复合组成。设 n 个单量子比特的状态为

$$|\psi_i\rangle = \alpha_i |0\rangle + \beta_i |1\rangle, \quad |\alpha_i|^2 + |\beta_i|^2 = 1 \qquad (2.19)$$

式中,$i = 1, \cdots, n$。用数学归纳法可以得到 n 个单量子比特系统所复合而成的 n qubits 量子系统的状态 $|\psi\rangle = |\psi_1 \cdots \psi_n\rangle$ 为

$$|\psi_1 \cdots \psi_n\rangle = \prod_{i=1}^{n} (\alpha_i |0\rangle + \beta_i |1\rangle) \qquad (2.20)$$

以及相应的归一化条件。

n 个分离的单量子比特可以复合成一个 n qubits 量子系统。反过来,具有一般状态式(2.13)、式(2.14)或式(2.17)、式(2.18)的 n qubits 量子系统却不一定能分离为 n 个单量子比特,从而产生量子纠缠情况。应当指出,随着量子比特数目的增加,纠缠情况会变得非常复杂。

● n qubits 量子系统小结

现在总结一下 n qubits 量子系统。

1. n qubits 量子系统的叠加性所带来的内在并行性

（1）信息承载（存贮）方面：n bits 经典系统可承载 2^n 个长度为 n 的二进制序列；而 n qubits 量子系统不仅可承载 2^n 个计算基态 $|i\rangle$（n bits 这一点与经典系统相同），还可以承载由这些基态叠加而成的 2^n 维单位向量（即 2^n 个连续量的复系数 c_i）。

（2）信息处理方面：在经典计算机上进行运算时，不同输入需要进行不同的串行操作；而量子计算机却可以在一次运行中完成 2^n 个输入的并行操作。这种指数级的内在并行性操作，正是量子计算机的颠覆性所在。

2. 量子系统复合的效能

对于多个分离的单量子比特，诸量子比特是独立运行的；而对于由多个单量子比特复合而成的多量子比特系统，诸量子比特是耦合运行的。我们看到了，对于 n qubits 的多量子比特系统，只用量子比特数 n 线性增加的代价，就获得了存贮量、处理速度指数级 2^n 增加的功效。

3. 量子力学中张量积的简写规则

$$|u\rangle \otimes |v\rangle = |u\rangle |v\rangle = |uv\rangle, u,v \in \{0,1\}$$
$$|u_1\rangle \otimes |u_2\rangle \otimes \cdots \otimes |u_n\rangle = |u_1\rangle |u_2\rangle \cdots |u_n\rangle = |u_1 u_2 \cdots u_n\rangle = |u\rangle$$

其中，$u_1, u_2, \cdots, u_n \in \{0,1\}, u = u_1 u_2 \cdots u_n$。

第三讲 线性代数复习(1)

线性代数是量子计算的数学基础,本讲和第四讲将简要地复习阅读本书所必需的线性代数知识。我们给出有关的线性代数基本概念,并不加证明地列出一系列定理和性质,以供读者参考、应用。

3.1 线性向量空间

● 向量

n 个数 $a_1, a_2, \cdots, a_n$ 组成有序数组,称为 n 维向量。用量子力学中常用的 Dirac 记号,向量表示为

$$| a \rangle = \begin{bmatrix} a_1 \\ a_2 \\ \vdots \\ a_n \end{bmatrix}$$

其中,$a_i (i=1,2,\cdots,n)$ 为向量 $| a \rangle$ 的第 i 个分量。在量子计算中,a_i 一般是复数,即 $a_i \in \mathbf{C}$。

应当指出,对于各分量均为零的零向量,不再用 $| 0 \rangle$ 来表示,而仍用 0 来表示。这是唯一的例外,其原因是 $| 0 \rangle$ 已用来表示单量子比特状态空间中的一个计算基态。

两个向量的加法是其对应的分量相加,向量的数乘是其各分量乘以数 $k(k \in \mathbf{C})$。向量的加法与数乘称为向量的线性运算。

● 向量组

对于向量组 $| a_1 \rangle, | a_2 \rangle, \cdots, | a_m \rangle$,如果存在不全为零的数 $c_1, c_2, \cdots, c_m \in \mathbf{C}$,使得

$$c_1 \mid a_1 \rangle + c_2 \mid a_2 \rangle + \cdots + c_m \mid a_m \rangle = 0 \qquad (3.1)$$

则称该向量组是线性相关(线性非独立)的;当且仅当 $c_1 = c_2 = \cdots = c_m = 0$ 时,式(3.1)才成立,则称该向量组是线性无关(线性独立)的。

向量组 $\mid a_1 \rangle, \mid a_2 \rangle, \cdots, \mid a_m \rangle$ 线性相关(线性非独立)的充要条件是,其中至少有一个向量可由其余 $m-1$ 个向量线性表示。例如,$\mid a_i \rangle$ 由其余 $m-1$ 个向量线性表示(线性组合)为

$$\mid a_i \rangle = l_1 \mid a_1 \rangle + \cdots + l_{i-1} \mid a_{i-1} \rangle + l_{i+1} \mid a_{i+1} \rangle + \cdots + l_m \mid a_m \rangle \qquad (3.2)$$

反过来,向量组 $\mid a_1 \rangle, \mid a_2 \rangle, \cdots, \mid a_m \rangle$ 线性无关(线性独立)的充要条件是,其中每一个向量都不能由其余 $m-1$ 个向量线性表示(线性组合)。

向量线性表示(线性组合)的式(3.2)可以直观地理解为:$\mid a_i \rangle$ 可以由其余 $m-1$ 个向量用线性运算的方式产生。容易认识到:若向量组是线性独立的,意味着其中没有一个向量可以由其余向量线性地产生;若向量组是线性非独立的,意味着其中至少有一个向量可以由其余向量线性地产生。再如,若向量组是线性独立的,则去除一些向量后的局部向量组必定线性独立;若向量组是线性非独立的,则增加一些向量后的扩大向量组必定线性非独立。

向量组 $\mid a_1 \rangle, \mid a_2 \rangle, \cdots, \mid a_m \rangle$ 中,若最多有 $r(\leqslant m)$ 个向量线性无关,则称 r 为该向量组的秩。秩 r 是向量组的结构参数。

● 内积

两个向量 $\mid \alpha \rangle$ 和 $\mid \beta \rangle$ 的内积,描述了该两向量的内在关系。线性代数中,内积表示为 $(\mid \alpha \rangle, \mid \beta \rangle)$;但量子力学中,内积的标准记号为 $\langle \alpha \mid \beta \rangle$。定义一对有序向量 $\mid \alpha \rangle$ 和 $\mid \beta \rangle$ 的内积是满足下列要求的复数:

(1)反称性:

$$\langle \alpha \mid \beta \rangle = \langle \beta \mid \alpha \rangle^* \quad (* 表示复共轭) \qquad (3.3)$$

(2)线性:

$$\langle \alpha \mid a\beta + b\gamma \rangle = a\langle \alpha \mid \beta \rangle + b\langle \alpha \mid \gamma \rangle \quad (a, b \in \mathbf{C}) \qquad (3.4)$$

(3)正定性:

$$\langle \alpha \mid \alpha \rangle \geqslant 0 \quad (当且仅当 \mid \alpha \rangle = 0 时取等号) \qquad (3.5)$$

应当指出,对于复向量,内积定义中的两个向量 $\mid \alpha \rangle$ 和 $\mid \beta \rangle$ 必须是有序的。再者,我们常称 $\langle \alpha \mid$ 是 $\mid \alpha \rangle$ 的对偶向量,它是 $\mid \alpha \rangle$ 的共轭转置向量。

若 $\mid \alpha \rangle = (\alpha_1, \alpha_2, \cdots, \alpha_n)$ 和 $\mid \beta \rangle = (\beta_1, \beta_2, \cdots, \beta_n)$,则其内积为

$$\langle \alpha \mid \beta \rangle = \sum_{i=1}^{n} \alpha_i^* \beta_i \tag{3.6}$$

式中，α_i^* 为 α_i 的共轭复数。

由式(3.5)的正定性，可定义向量 $\mid \alpha \rangle$ 的模为

$$\| \mid \alpha \rangle \| = \sqrt{\langle \alpha \mid \alpha \rangle} = \sqrt{\sum_{i=1}^{n} \mid \alpha_i \mid^2} \tag{3.7}$$

若 $\mid \alpha \rangle$ 是单位向量，则要满足归一化条件 $\sum_{i} \mid \alpha_i \mid^2 = 1$。

对于任意两个向量 $\mid \alpha \rangle$ 和 $\mid \beta \rangle$，易于证明

$$\mid \langle \alpha \mid \beta \rangle \mid^2 \leqslant \langle \alpha \mid \alpha \rangle \langle \beta \mid \beta \rangle \tag{3.8}$$

式(3.8)称为 Cauchy - Schwarz 不等式。若 $\mid \alpha \rangle$ 与 $\mid \beta \rangle$ 线性相关，则等式成立。

当 $\mid \alpha \rangle$ 和 $\mid \beta \rangle$ 是实向量时，其内积 $\langle \alpha \mid \beta \rangle$ 是实数，也可称为标量积。此时 Cauchy - Schwarz 不等式有更清晰的几何解释。事实上，我们有

$$-1 \leqslant \frac{\langle \alpha \mid \beta \rangle}{\| \alpha \| \ \| \beta \|} \leqslant 1 \tag{3.9}$$

式(3.9)使 $\langle \alpha \mid \beta \rangle$ 可写为

$$\langle \alpha \mid \beta \rangle = \| \alpha \| \ \| \beta \| \cos\theta$$

式中，θ 定义为两个向量 $\mid \alpha \rangle$ 和 $\mid \beta \rangle$ 之间的夹角。

若两个非零向量 $\mid \alpha \rangle$ 和 $\mid \beta \rangle$ 的内积为 0，即 $\langle \alpha \mid \beta \rangle = 0$，则称该两个向量是正交的。

● 线性向量空间

线性向量空间 V 是无穷多向量的集合，该集合对向量的线性运算是封闭的，即 V 中任意向量相加和数乘后，所得的向量仍在 V 中。

现在研究线性向量空间的结构。若 V 中有 n 个线性无关的向量 $\mid a_1 \rangle$，$\mid a_2 \rangle, \cdots, \mid a_n \rangle$，$V$ 中任一向量都是它们的线性组合，则称 $\mid a_1 \rangle, \mid a_2 \rangle, \cdots, \mid a_n \rangle$ 为 V 的一个基底，称 n 为 V 的维数，记为 $\dim V$，称 V 为有限维线性向量空间。我们看到了，维数 n 是 V 的最主要的结构参数，而基底则刻画了 V 的内在结构，是 V 的一个坐标系。V 中每一向量在不同基底下的不同坐标，反映了该向量不同的外在表现。若在向量空间 V 中定义了内积，则 V 是具有内积的向量空间。定义了内积的实线性向量空间，通常称为欧氏空间；定义了内积的复线性向量空间（如量子系统的状态空间），称为酉空间。

应当指出,向量空间 V 的基底的选择不是唯一的,但其维数($\dim V = n$)是确定的。现设 $|a_1\rangle, |a_2\rangle, \cdots, |a_n\rangle$ 是向量空间 V 的一个基底,于是 V 中任一向量 $|a\rangle$ 可由 $|a_1\rangle, |a_2\rangle, \cdots, |a_n\rangle$ 线性表示为

$$|a\rangle = \alpha_1 |a_1\rangle + \alpha_2 |a_2\rangle + \cdots + \alpha_n |a_n\rangle \qquad (3.10)$$

称 $(\alpha_1, \alpha_2, \cdots, \alpha_n)$ 为 $|a\rangle$ 在该基底下的坐标,它们是唯一的。对于 V 中不同的基底,$|a\rangle$ 的坐标也不同。如果向量 $|a_1\rangle, |a_2\rangle, \cdots, |a_n\rangle$ 两两正交,且都是单位向量,则它们组成向量空间 V 的一个正交归一基底。此时,容易求得任一向量 $|a\rangle = \sum_{i=1}^{n} \alpha_i |a_i\rangle$ 在该基底下的坐标

$$\alpha_i = \langle a_i | a \rangle \qquad (3.11)$$

● 子空间

现在研究向量空间 V 的局部——子空间问题。若 W 是线性向量空间 V 的一个子集合,W 对其向量的线性运算是封闭的,即 W 中任意向量相加和数乘后,所得的向量仍在 W 中,则 W 本身也是一个线性向量空间,称为 V 的子空间。很明显,$\dim W \leqslant \dim V$。

设 W_1 与 W_2 是向量空间 V 的两个子空间,则它们的交

$$W_1 \bigcap W_2 = \{\alpha \mid \alpha \in W_1, \alpha \in W_2\}$$

及它们的和

$$W_1 + W_2 = \{\alpha = \alpha_1 + \alpha_2 \mid \alpha_1 \in W_1, \quad \alpha_2 \in W_2\}$$

都是 V 的子空间,其维数关系为

$$\dim W_1 + \dim W_2 = \dim(W_1 + W_2) + \dim(W_1 \bigcap W_2)$$

在和子空间 $W_1 + W_2$ 中,V 中任一向量 α 可表示成

$$\alpha = \alpha_1 + \alpha_2 \qquad (\alpha_1 \in W_1, \alpha_2 \in W_2)$$

这种表示法不是唯一的。如果表示法唯一,则 $W_1 + W_2$ 称为直和,记作 $W_1 \oplus W_2$。对于 $W_1 \oplus W_2$,其交 $W_1 \bigcap W_2$ 是零空间,而维数关系为

$$\dim W_1 + \dim W_2 = \dim(W_1 \oplus W_2)$$

下面研究酉空间(或欧氏空间)V 中的正交子空间问题。设 $|\alpha\rangle$ 是 V 中的向量,W 是 V 的子空间,若对任意 $\beta \in W$,都有 $\langle \alpha | \beta \rangle = 0$,则称向量 $|\alpha\rangle$ 与子空间 W 正交,记作 $|\alpha\rangle \perp W$。事实上,只要 $|\alpha\rangle$ 与 W 的一个基底中所有基向量正交,就有 $|\alpha\rangle \perp W$。

设 W_1 与 W_2 是 V 的两个子空间,如果对任意 $|\alpha\rangle \in W_1$ 和任意 $|\beta\rangle \in W_2$ 都有 $\langle \alpha | \beta \rangle = 0$,则称 W_1 与 W_2 正交,记为 $W_1 \perp W_2$。事实上,只要 W_1 一个基底中每一基向量与 W_2 一个基底中每一基向量都两两正交,则 $W_1 \perp W_2$。当 $W_1 \perp W_2$ 时,其和 $W_1 + W_2$ 是直和。

设 W_1 与 W_2 是 V 的两个子空间,如果 $W_1 \perp W_2$,且 $W_1 \oplus W_2 = V$,则称 W_1 与 W_2 互为正交补空间(简称"正交补")。于是,整个酉空间(或欧氏空间)V 可以分解为两个互为正交补的子空间 W 和 $W^\perp$,即

$$W \perp W^\perp, \quad W \oplus W^\perp = V$$

3.2 线 性 映 射

● 线性映射的定义

设 V 和 U 为向量空间,$\mathcal{A}$ 是从 V 到 U 的映射,$\mathcal{A}: V \rightarrow U$,如果对任意 $|\psi_1\rangle$,$|\psi_2\rangle \in V$,以及任意 $c_1, c_2 \in \mathbf{C}$,有

$$\mathcal{A}(c_1 |\psi_1\rangle + c_2 |\psi_2\rangle) = c_1 \mathcal{A}(|\psi_1\rangle) + c_2 \mathcal{A}(|\psi_2\rangle)$$

则称 $\mathcal{A}$ 为从向量空间 V 到 U 的线性映射。向量空间 V 到自身的线性映射也可称为 V 上的线性变换,例如在量子系统状态空间(酉空间)上的变换。通常把 $\mathcal{A}(|\psi\rangle)$ 简记为 $\mathcal{A}|\psi\rangle$。

● 线性映射对应矩阵

我们知道,向量空间的基底(内部架构即坐标系)选定后,每一向量的坐标(外部表现)就确定了。线性映射(或线性变换)表示了两个向量空间(或同一向量空间)中向量之间的线性关系。在向量空间的基底选定后,线性映射(或线性变换)就有直观的外在表现,这就是它所对应的矩阵。现以线性变换 $\mathcal{A}: V \rightarrow V$ 为例,研究 $\mathcal{A}$ 所对应的矩阵 A。设向量空间 V 的一个基底为 $|a_1\rangle$,$|a_2\rangle$,$\cdots$,$|a_n\rangle$,各基向量的像 $\mathcal{A}|a_1\rangle$,$\mathcal{A}|a_2\rangle$,$\cdots$,$\mathcal{A}|a_n\rangle$ 仍属于 V,故可表示为

$$\left.\begin{aligned}
\mathcal{A}|a_1\rangle &= a_{11}|a_1\rangle + a_{21}|a_2\rangle + \cdots + a_{n1}|a_n\rangle \\
\mathcal{A}|a_2\rangle &= a_{12}|a_1\rangle + a_{22}|a_2\rangle + \cdots + a_{n2}|a_n\rangle \\
&\cdots\cdots \\
\mathcal{A}|a_n\rangle &= a_{1n}|a_1\rangle + a_{2n}|a_2\rangle + \cdots + a_{nn}|a_n\rangle
\end{aligned}\right\} \tag{3.12}$$

或可改写为

$$
[\mathcal{A}\mid a_1\rangle \, \mathcal{A}\mid a_2\rangle \cdots \mathcal{A}\mid a_n\rangle] = [\mid a_1\rangle \mid a_2\rangle \cdots \mid a_n\rangle]
\begin{bmatrix}
a_{11} & a_{12} & \cdots & a_{1n} \\
a_{21} & a_{22} & \cdots & a_{2n} \\
\vdots & \vdots & & \vdots \\
a_{n1} & a_{n2} & \cdots & a_{nn}
\end{bmatrix} =
$$

$$
[\mid a_1\rangle \mid a_2\rangle \cdots \mid a_n\rangle]A \tag{3.13}
$$

式中,矩阵 A 就是线性变换 $\mathcal{A}$ 在 $\mid a_1\rangle, \mid a_2\rangle, \cdots, \mid a_n\rangle$ 基底下的对应矩阵。现设向量 $\mid\alpha\rangle \in V$, $\mid\beta\rangle = \mathcal{A}\mid\alpha\rangle \in V$, $\mid\alpha\rangle$ 和 $\mid\beta\rangle$ 可唯一地表示为

$$
\mid\alpha\rangle = \alpha_1\mid a_1\rangle + \alpha_2\mid a_2\rangle + \cdots + \alpha_n\mid a_n\rangle
$$

$$
\mid\beta\rangle = \beta_1\mid a_1\rangle + \beta_2\mid a_2\rangle + \cdots + \beta_n\mid a_n\rangle
$$

易于证明,$\mid\beta\rangle = A\mid\alpha\rangle$,即

$$
\begin{bmatrix}
\beta_1 \\
\beta_2 \\
\vdots \\
\beta_n
\end{bmatrix} =
\begin{bmatrix}
a_{11} & a_{12} & \cdots & a_{1n} \\
a_{21} & a_{22} & \cdots & a_{2n} \\
\vdots & \vdots & & \vdots \\
a_{n1} & a_{n2} & \cdots & a_{nn}
\end{bmatrix}
\begin{bmatrix}
\alpha_1 \\
\alpha_2 \\
\vdots \\
\alpha_n
\end{bmatrix} \tag{3.14}
$$

应当指出,基变换(坐标变换)就是一个线性变换。 事实上, 设 $\{\mid a_1\rangle, \mid a_2\rangle, \cdots, \mid a_n\rangle\}$ 为 V 的原基底,$\{\mid b_1\rangle, \mid b_2\rangle, \cdots, \mid b_n\rangle\}$ 是 V 的新基底,有

$$
\left.
\begin{aligned}
\mid b_1\rangle &= c_{11}\mid a_1\rangle + c_{21}\mid a_2\rangle + \cdots + c_{n1}\mid a_n\rangle \\
\mid b_2\rangle &= c_{12}\mid a_1\rangle + c_{22}\mid a_2\rangle + \cdots + c_{n2}\mid a_n\rangle \\
&\qquad\cdots\cdots \\
\mid b_n\rangle &= c_{1n}\mid a_1\rangle + c_{2n}\mid a_2\rangle + \cdots + c_{nn}\mid a_n\rangle
\end{aligned}
\right\} \tag{3.15}
$$

或可改写为

$$
[\mid b_1\rangle \mid b_2\rangle \cdots \mid b_n\rangle] = [\mid a_1\rangle \mid a_2\rangle \cdots \mid a_n\rangle]
\begin{bmatrix}
c_{11} & c_{12} & \cdots & c_{1n} \\
c_{21} & c_{22} & \cdots & c_{2n} \\
\vdots & \vdots & & \vdots \\
c_{n1} & c_{n2} & \cdots & c_{nn}
\end{bmatrix} =
$$

$$
[\mid a_1\rangle \mid a_2\rangle \cdots \mid a_n\rangle]C \tag{3.16}
$$

式中,矩阵 C 称为由原基底变换为新基底的过渡矩阵。过渡矩阵 C 就是作为线性变换的基变换(坐标变换)的对应矩阵。现设向量 $\mid\alpha\rangle \in V$,它在原基底和新基底下的坐标分别为 $(\xi_1, \xi_2, \cdots, \xi_n)$ 和 $(\eta_1, \eta_2, \cdots, \eta_n)$。易于证明:

$$
\begin{bmatrix} \xi_1 \\ \xi_2 \\ \vdots \\ \xi_n \end{bmatrix} = C \begin{bmatrix} \eta_1 \\ \eta_2 \\ \vdots \\ \eta_n \end{bmatrix} \quad 或 \quad \begin{bmatrix} \eta_1 \\ \eta_2 \\ \vdots \\ \eta_n \end{bmatrix} = C^{-1} \begin{bmatrix} \xi_1 \\ \xi_2 \\ \vdots \\ \xi_n \end{bmatrix} \tag{3.17}
$$

由以上分析可见,一个量子系统状态向量的改变,可以有两种情况:① 同一基底下,状态向量的转动变换,如式(3.14);② 同一状态向量,不同基底(坐标系)下的坐标变换,如式(3.17)。

在量子计算中,量子系统的状态空间是酉空间,通常选择计算基态向量组:

$$
\begin{bmatrix} 1 \\ 0 \\ \vdots \\ 0 \end{bmatrix}, \begin{bmatrix} 0 \\ 1 \\ \vdots \\ 0 \end{bmatrix}, \cdots, \begin{bmatrix} 0 \\ 0 \\ \vdots \\ 1 \end{bmatrix}
$$

为基底。很明显,这是一个正交归一基底。

对于线性映射$\mathcal{A}:V \to U$,向量空间V和U分别为n维和m维。在V选定基底$|a_1\rangle, |a_2\rangle, \cdots, |a_n\rangle$和$U$选定基底$|b_1\rangle, |b_2\rangle, \cdots, |b_m\rangle$后,按同样的方法,可得线性映射$\mathcal{A}$所对应的$m \times n$阶矩阵$A$。

线性映射(或线性变换)也可称为线性算子。我们已将抽象的线性算子与直观的矩阵相联系,但这首先要为线性算子的输入和输出向量空间指定基底。今后,在默认基底(例如量子系统状态空间选择计算基态向量组为基底)情况下,经常互换使用算子和矩阵这两个术语。

3.3　量子计算中常见的一些矩阵知识

对于矩阵及其基本运算等应熟知的内容,本节不再赘述。下面仅给出量子计算中经常用到的一些矩阵知识。

● 量子计算中常见的一些矩阵

1. Pauli 阵

Pauli 阵指四个常用的 2×2 矩阵,在量子计算中很有用,它们是

$$
\sigma_0 = I = \begin{bmatrix} 1 & 0 \\ 0 & 1 \end{bmatrix}, \quad \sigma_1 = \sigma_x = X = \begin{bmatrix} 0 & 1 \\ 1 & 0 \end{bmatrix}
$$

$$\sigma_2 = \sigma_y = Y = \begin{bmatrix} 0 & -i \\ i & 0 \end{bmatrix}, \quad \sigma_3 = \sigma_z = Z = \begin{bmatrix} 1 & 0 \\ 0 & -1 \end{bmatrix}$$

有时可把 $\sigma_0 = I$ 除去,只把 X, Y 和 Z 称为 Pauli 阵。

2. 对阵矩阵和 Hermite 矩阵

先研究实数域的对称矩阵。将实数域上 $m \times n$ 矩阵 A 的行、列互换,所得的 $n \times m$ 矩阵称为 A 的转置矩阵,表示为 A^T。转置矩阵满足下列运算规律:$(A^T)^T = A$,$(A+B)^T = A^T + B^T$,$(kA)^T = kA^T$,$(AB)^T = B^T A^T$。

若 A 是 $n \times n$ 的方阵,且 $A^T = A$,则称 A 为对称矩阵(简称"对称阵")。若 A 为对称阵,则 kA 也是对称阵,$AA^T = A^T A$,$A^l(l = 1, 2, \cdots)$ 也是对称阵。若 A、B 均为对称阵,则 $A + B$ 也是对称阵;又若 $AB = BA$,则 AB 也是对称阵。

再研究复数域的 Hermite 矩阵。复数域上 $m \times n$ 矩阵 A 的各元素 a_{ij} 用其共轭复数 a_{ij}^* 置换,所得的矩阵称为 A 的共轭矩阵,表示为 A^*;共轭矩阵 A^* 的行、列互换,所得 $n \times m$ 矩阵称为 A 的共轭转置矩阵,表示为 $A^\dagger$。有 $(A^\dagger)^\dagger = A$,$(A+B)^\dagger = A^\dagger + B^\dagger$,$(kA)^\dagger = k^* A^\dagger$,$(AB)^\dagger = B^\dagger A^\dagger$。

若 A 是 $n \times n$ 的方阵,且 $A^\dagger = A$,则称 A 为 Hermite 矩阵(简称"Hermite 阵")。若 A 为 Hermite 阵,则 kA 也是 Hermite 阵,$AA^\dagger = A^\dagger A$,$A^l(l = 1, 2, \cdots)$ 也是 Hermite 阵。若 A、B 均为 Hermite 阵,则 $A + B$ 也是 Hermite 阵;又若 $AB = BA$,则 AB 也是 Hermite 阵。

3. 正交矩阵和酉矩阵

先研究欧氏空间中的保模变换。设 $\mathcal{A}$ 是欧氏空间 V 的线性变换,如果 $\mathcal{A}$ 保持 V 中任一向量 $|\alpha\rangle$ 的长度不变(保模),即

$$(\mathcal{A}|\alpha\rangle, \mathcal{A}|\alpha\rangle) = \langle\alpha|\alpha\rangle$$

或

$$\| \mathcal{A}|\alpha\rangle \|^2 = \| |\alpha\rangle \|^2 \qquad (3.18)$$

则称 $\mathcal{A}$ 是 V 中的保模变换,也称为正交变换。再者,$\mathcal{A}$ 也保持 V 中向量的内积不变,即

$$(\mathcal{A}|\alpha\rangle, \mathcal{A}|\beta\rangle) = \langle\alpha|\beta\rangle$$

在 V 选择了一个正交归一基底后,正交变换 $\mathcal{A}$ 对应的矩阵 A 是正交矩阵:

$$A^T = A^{-1} \qquad (3.19)$$

正交矩阵 A 的任一行(列)向量都是单位向量,且任意不同的两个行(列)向量

都是正交的。正交矩阵 A 的逆矩阵 A^{-1} 仍为正交矩阵,两个正交矩阵的乘积也是正交矩阵。

再研究酉空间中的保模变换。我们知道,量子系统的状态向量都是单位向量,量子状态的变换实质上是对单位状态向量的保模变换。现设 $\mathcal{A}$ 是酉空间 V 中的线性变换,如果 $\mathcal{A}$ 保持 V 中任一向量 $|\alpha\rangle$ 的长度不变(保模),即

$$\| \mathcal{A} |\alpha\rangle \|^2 = \| |\alpha\rangle \|^2 \tag{3.20}$$

则称 $\mathcal{A}$ 是 V 中的保模变换,也称为酉变换。

在 V 选择了一个正交归一基底(如量子计算中常用的计算基态基底)后,酉变换 $\mathcal{A}$ 对应的矩阵 A 是酉矩阵(简称"酉阵"):

$$A^\dagger = A^{-1} \tag{3.21}$$

酉矩阵 A 的任一行(列)向量都是单位向量,且任意不同的两个行(列)向量都是正交的。酉矩阵 A 的逆矩阵 A^{-1} 仍为酉矩阵,两个酉矩阵的乘积也是酉矩阵。

4. 投影矩阵

设向量空间 V 分解为 $V = W_1 \oplus W_2$,于是,对任意 $|\psi\rangle \in V$,可唯一分解为 $|\psi\rangle = |\alpha\rangle + |\beta\rangle$,其中,$|\alpha\rangle \in W_1$,$|\beta\rangle \in W_2$。我们称 $|\alpha\rangle$ 是 $|\psi\rangle$ 沿 W_2 到 W_1 的投影,其投影变换为 $\mathcal{A}_P |\psi\rangle = |\alpha\rangle$,这是一个线性变换。在向量空间 V 中的基底确定后,$\mathcal{A}_P$ 对应的矩阵 A_P 称为投影矩阵,即

$$A_P |\psi\rangle = |\alpha\rangle \tag{3.22}$$

很明显,有

$$A_P |\alpha\rangle = |\alpha\rangle, \quad A_P |\beta\rangle = 0 \tag{3.23}$$

投影矩阵 A_P 是幂等矩阵。事实上,由式(3.22)和式(3.23)知

$$A_P^2 |\psi\rangle = A_P(A_P |\psi\rangle) = A_P |\alpha\rangle = |\alpha\rangle = A_P |\psi\rangle$$

由 $|\psi\rangle \in V$ 的任意性,有 $A_P^2 = A_P$。

在量子计算中,经常用到的是正交投影变换。现设向量空间 V 正交分解为 $V = W \oplus W^\perp$,于是对任意 $|\psi\rangle \in V$,可唯一分解为 $|\psi\rangle = |\alpha\rangle + |\alpha\rangle^\perp$,其中,$|\alpha\rangle \in W$,$|\alpha\rangle^\perp \in W^\perp$。我们称 $|\alpha\rangle$ 是 $|\psi\rangle$ 对 W 的正交投影,正交投影变换为 $\mathcal{A}_\perp |\psi\rangle = |\alpha\rangle$,这也是一个线性变换。在向量空间 V 的基底确定后,$\mathcal{A}_\perp$ 对应的矩阵 $A_\perp$ 称为正交投影矩阵。可以证明,正交投影矩阵不仅是幂等矩阵,而且是 Hermite 矩阵:

$$A_\perp^2 = A_\perp, \quad A_\perp^\dagger = A_\perp \tag{3.24}$$

对于一维正交投影的特殊情况,易于求得正交投影矩阵 $A_\perp$。设 $A_\perp |\psi\rangle =$

$|\alpha\rangle = \xi |u\rangle$，其中，$\xi$ 为常数，$|u\rangle$ 是单位向量。易于证明，$A_\perp = |u\rangle\langle u|$。事实上，注意到 $\xi = \langle u|\psi\rangle$，有

$$A_\perp|\psi\rangle = (|u\rangle\langle u|)|\psi\rangle = \langle u|\psi\rangle|u\rangle = \xi|u\rangle$$

推广到多维子空间 W 中，其正交投影矩阵为

$$A_\perp = \sum_{i=1}^{k} |u_i\rangle\langle u_i| \tag{3.25}$$

$\{|u_i\rangle, i = 1, 2, \cdots, k\}$ 为 W 的正交归一基底。

对于多量子比特系统，其状态向量为式(2.17)，即

$$|\psi\rangle = \sum_{i=0}^{N-1} c_i |i\rangle \quad (N = 2^n)$$

状态向量 $|\psi\rangle$ 向计算基态向量 $|i\rangle$ 的一维正交投影为

$$(|i\rangle\langle i|)|\psi\rangle = \langle i|\psi\rangle|i\rangle = c_i|i\rangle \quad (i = 0, 1, \cdots, N-1)$$

事实上，由于计算基态向量集 $\{|i\rangle, i = 0, 1, \cdots, N-1\}$ 是一个正交归一基底，所以

$$\langle i|\psi\rangle = \langle i|\sum_j c_j|j\rangle = c_i$$

还可以得到

$$\left(\sum_i |i\rangle\langle i|\right)|\psi\rangle = \sum_i c_i|i\rangle = |\psi\rangle$$

由 $|\psi\rangle$ 的任意性，可得完备性关系

$$\sum_i |i\rangle\langle i| = I$$

5. 自逆矩阵

矩阵 $A = A^{-1}$（或 $A^2 = I$），称为自逆矩阵（简称"自逆阵"）。量子计算中大量应用的 Hadamard 矩阵 $H = \dfrac{1}{\sqrt{2}}\begin{bmatrix} 1 & 1 \\ 1 & -1 \end{bmatrix}$ 就是自逆矩阵。

如果 A 是 Hermite 阵（具有 H 性），又是酉阵（具有 U 性），则 A 必是自逆阵（具有自逆性）；如果 A 具有 H 性和自逆性，则 A 必有 U 性。图3.1表示了 H 性、U 性和自逆性之间的关系。

● 矩阵函数

设 A 为 n 阶方阵，则矩阵函数 $f(A)$ 也是 n 阶方阵。下面仅列出矩阵多项式，矩阵指数函数，矩阵正、余弦函数的一些表达式。

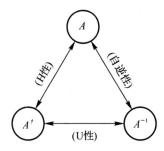

图 3.1　H 性、U 性与自逆性之间的关系

1. 矩阵多项式

$$f(A) = \sum_{k=0}^{n} a_k A^k = a_0 I + a_1 A + \cdots + a_n A^n$$

式中，$A \in \mathbf{C}^{n\times n}, a_k \in \mathbf{C} \ (k=0,1,\cdots,n)$。

2. 矩阵指数函数

$$\mathrm{e}^A = I + A + \frac{1}{2!}A^2 + \frac{1}{3!}A^3 + \cdots$$

$$\cos A = I - \frac{1}{2!}A^2 + \frac{1}{4!}A^4 - \cdots$$

$$\sin A = A - \frac{1}{3!}A^3 + \frac{1}{5!}A^5 - \cdots$$

3. 矩阵正、余弦函数

$$\mathrm{e}^{\mathrm{i}A} = \cos A + \mathrm{i}\sin A$$

$$\cos A = \frac{1}{2}(\mathrm{e}^{\mathrm{i}A} + \mathrm{e}^{-\mathrm{i}A}), \quad \cos(-A) = \cos A$$

$$\sin A = \frac{1}{2\mathrm{i}}(\mathrm{e}^{\mathrm{i}A} - \mathrm{e}^{-\mathrm{i}A}), \quad \sin(-A) = -\sin A$$

应当指出，只有 $AB = BA$ 时，才有

$$\mathrm{e}^{A+B} = \mathrm{e}^A \mathrm{e}^B = \mathrm{e}^B \mathrm{e}^A$$

因此，对任意 $A \in \mathbf{C}^{n\times n}$，有

$$(\mathrm{e}^A)^{-1} = \mathrm{e}^{-A}$$

$$(\mathrm{e}^A)^m = \mathrm{e}^{mA} \quad (m \text{ 为整数})$$

不仅如此，当 $AB = BA$ 时，还有

$$\cos(A+B) = \cos A \cos B - \sin A \sin B$$

$$\cos 2A = \cos^2 A - \sin^2 A$$

$$\sin(A + B) = \sin A \cos B + \cos A \sin B$$

$$\sin 2A = 2\sin A \cos A$$

$$e^{A+iB} = e^A(\cos B + i\sin B)$$

应当指出,对任意 $A \in \mathbf{C}^{n \times n}$,$e^A$ 总是非奇异,但 $\sin A, \cos A$ 却不一定。

● 量子计算中常用到的一些关系式

(1)酉阵与 Hermite 阵的重要关系。任何酉阵,都可写成 $U = e^{iA}$,其中 A 是 Hermite 阵。或者说,若 A 是 Hermite 阵,则 e^{iA} 是酉阵。即

$$(e^{iA})^\dagger = e^{-iA'} = e^{-iA} = (e^{iA})^{-1}$$

(2)自逆阵的一个重要应用。设 x 为一实数,A 为自逆阵(即 $A^2 = I$),则有

$$e^{iAx} = (\cos x)I + i(\sin x)A$$

事实上,当 $A^2 = I$ 时,有

$$e^{iAx} = \cos Ax + i\sin Ax =$$

$$\left(I - \frac{1}{2!}A^2 x^2 + \frac{1}{4!}A^4 x^4 - \cdots\right) + i\left(Ax - \frac{1}{3!}A^3 x^3 + \frac{1}{5!}A^5 x^5 - \cdots\right) =$$

$$\left(1 - \frac{1}{2!}x^2 + \frac{1}{4!}x^4 - \cdots\right)I + i\left(x - \frac{1}{3!}x^3 + \frac{1}{5!}x^5 - \cdots\right)A =$$

$$(\cos x)I + i(\sin x)A$$

(3)$f(At)$ 对 t 的微分,举例如下:

$$\frac{\mathrm{d}}{\mathrm{d}t}e^{At} = Ae^{At} = e^{At}A$$

$$\frac{\mathrm{d}}{\mathrm{d}t}\cos At = -A(\sin At) = -(\sin At)A$$

$$\frac{\mathrm{d}}{\mathrm{d}t}\sin At = A(\cos At) = (\cos At)A$$

第四讲　线性代数复习(2)

4.1　矩阵的一些结构参数

本节将回顾量子计算中经常述及的矩阵的一些结构参数,包括 n 阶方阵的两个纯量——行列式和迹,以及任意 $m \times n$ 阶矩阵的秩和范数等,最后简述矩阵的正定性问题。

● 矩阵的行列式

方阵 $A = [a_{ij}]_{n \times n}$ 的行列式 D 为一纯量,记为

$$D = \det A = \begin{vmatrix} a_{11} & a_{12} & \cdots & a_{1n} \\ a_{21} & a_{22} & \cdots & a_{2n} \\ \vdots & \vdots & & \vdots \\ a_{n1} & a_{n2} & \cdots & a_{nn} \end{vmatrix} \tag{4.1}$$

在 D 中,任选 k 行 k 列 $(k \leqslant n)$,位于这些行和列的交点的 k^2 个元素所组成的 k 阶行列式,称为 D 的一个 k 阶子式。$\det A$ 通常化为阶数较低的子行列式来计算,如 Laplace 展开法,这里不赘述。

行列式的几个重要性质:

(1) $\det A^{\mathrm{T}} = \det A$。

(2) $\det(AB) = \det(BA) = \det A \det B$。

(3) 若 A 非奇异,则 $\det A \neq 0$,且 $\det(A^{-1}) = (\det A)^{-1}$。

(4) 若 A 为正交阵,则 $\det A = \pm 1$。

● 矩阵的迹

方阵 $A = [a_{ij}]_{n \times n}$ 的迹为其主对角线元素 $a_{ii}(i = 1, 2, \cdots, n)$ 之和,即

$$\mathrm{tr} A = \sum_{i=1}^{n} a_{ii} \tag{4.2}$$

迹的几个重要性质：

(1) $\mathrm{tr}(\alpha A) = \alpha\,\mathrm{tr}(A), \alpha \in \mathbf{C}$。

(2) $\mathrm{tr}(A + B) = \mathrm{tr}A + \mathrm{tr}B$。

(3) $\mathrm{tr}(AB) = \mathrm{tr}(BA)$。

应当指出，性质(1)，(2)表明迹是线性的，性质(3)则表明迹是循环 (cyclic) 的。

由循环性质可知方阵的迹在相似变换下的不变性，即

$$\mathrm{tr}(T^{-1}AT) = \mathrm{tr}(TT^{-1}A) = \mathrm{tr}A$$

还应指出，性质(3)中 A, B 不一定必须是方阵。设 A 是 $m \times n$ 阵，B 是 $n \times m$ 阵，性质(3)也成立。性质(3)可以应用到实数域的二次型问题中，现设 $x \in \mathbf{R}^n$，$A \in \mathbf{R}^{n \times n}$（通常是对称阵），则有

$$x^{\mathrm{T}}Ax = \mathrm{tr}(xx^{\mathrm{T}}A) = \mathrm{tr}(Axx^{\mathrm{T}})$$

将其应用到量子计算中，设 A 是算子矩阵，$|\psi\rangle$ 是单位向量，为计算迹 $\mathrm{tr}(A|\psi\rangle\langle\psi|)$，有

$$\mathrm{tr}(A|\psi\rangle\langle\psi|) = \langle\psi|A|\psi\rangle$$

● 矩阵的秩

矩阵的秩有三种定义方法，三者是等效的：

(1) 行列式秩。$m \times n$ 矩阵 A 中，至少有一个 r_1 阶子式不为 0，而 $r_1 + 1$ 阶及以上阶的子式全为 0，则称 A 的行列式秩为 r_1。很明显，$r_1 \leqslant \min(m, n)$。

(2) 行秩。$m \times n$ 矩阵 A 中，其 m 个行向量的向量组的秩为 r_2，即向量组中至多有 $r_2 [\leqslant \min(m, n)]$ 个行向量线性无关，则 r_2 称为 A 的行秩。

(3) 列秩。$m \times n$ 矩阵 A 中，其 n 个列向量的向量组的秩为 r_3，即向量组中至多有 $r_3 [\leqslant \min(m, n)]$ 个列向量线性无关，则 r_3 称为 A 的列秩。

可以证明，矩阵 A 的行列式秩 r_1、行秩 r_2 和列秩 r_3 是相等的，统一记 A 的秩为：$\mathrm{rank}A = r$。很明显，$r \leqslant \min(m, n)$。当 $r = \min(m, n)$ 时，A 具有最大秩（满秩）。

秩的几个重要性质：

(1) $\mathrm{rank}A^{\dagger} = \mathrm{rank}A$。

(2) 矩阵 A 的初等变换[某行(列)乘以常数，两行(列)互换，某行(列)乘以常数后加到另一行(列)]，不改变 A 的秩。

(3) 设 A 为 $m \times n$ 阵，P、Q 分别为 $m \times m$、$n \times n$ 的非奇异阵，则

$$\mathrm{rank}A = \mathrm{rank}PA = \mathrm{rank}AQ = \mathrm{rank}PAQ$$

特别地，当 $m=n$，$Q=P^{-1}$ 时，$B=PAP^{-1}$ 称为 A 的相似矩阵。对于相似矩阵 A 和 B，其行列式、迹和秩都是不变量：

$$\det A = \det B, \quad \mathrm{tr}A = \mathrm{tr}B, \quad \mathrm{rank}A = \mathrm{rank}B$$

（4）设 A 为 $m \times n$ 阵，则

$$\mathrm{rank}A = \mathrm{rank}AA^{\dagger} = \mathrm{rank}A^{\dagger}A$$

式中，$AA^{\dagger}$、$A^{\dagger}A$ 分别为 m、n 阶方阵。

（5）$\mathrm{rank}(A+B) \leqslant \mathrm{rank}A + \mathrm{rank}B$。

（6）设 A 为 $m \times n$ 阵，B 为 $n \times q$ 阵，Sylvester 定理给出

$$\mathrm{rank}A + \mathrm{rank}B - n \leqslant \mathrm{rank}(AB) \leqslant \min(\mathrm{rank}A, \mathrm{rank}B)$$

● 矩阵的范数

先介绍向量的范数。向量的范数有几种定义，最常用的是向量的 2-范数（欧氏范数）。设向量 $|\psi\rangle = (\xi_1 \quad \xi_2 \quad \cdots \quad \xi_n)$，其欧氏范数为

$$\| |\psi\rangle \| = \left(\sum_{i=1}^{n} |\xi_i|^2 \right)^{\frac{1}{2}} \tag{4.3}$$

相应地，矩阵的范数也有几种定义，与向量欧氏范数相匹配的是矩阵的 2-范数（F 范数）。设矩阵 $A = [a_{ij}]_{m \times n}$，其 F 范数为

$$\| A \| = \left(\sum_{i=1}^{m} \sum_{j=1}^{n} |a_{ij}|^2 \right)^{\frac{1}{2}} \tag{4.4}$$

易于证明，若 P、Q 分别是 $m \times m$、$n \times n$ 的酉矩阵，则

$$\| PA \| = \| A \| = \| AQ \|$$

若 A 是 n 阶方阵，上述性质则指出，A 的范数在酉相似变换下的不变性，即若 $B=U^{\dagger}AU$，则 $\| B \| = \| A \|$。这里，我们又看到了酉变换的保模性。

对于矩阵范数，有：

（1）$\| \alpha A \| = |\alpha| \| A \|$。

（2）$\| A+B \| \leqslant \| A \| + \| B \|$。

（3）$\| \alpha A + (1-\alpha)B \| \leqslant \alpha \| A \| + (1-\alpha) \| B \|$，其中 $0 \leqslant \alpha \leqslant 1$。

● 矩阵的正定性

设 A 是 $n \times n$ 的 Hermite 阵，若对任意 n 维复向量 $|\psi\rangle \neq 0$，有

$$\langle \psi | A\psi \rangle \geqslant 0$$

则称 A 为非负定阵，记为 $A \geqslant O$；

$$\langle \psi \mid A\psi \rangle > 0$$

则称 A 为正定阵,记为 $A > O$。

对于正定矩阵,有:

(1) 若 A 正定,则 kA 正定(数 $k > 0$),A^{-1} 正定。

(2) 若 A 正定,B 正定,则 $(A + B)$ 正定。

(3) 若 A 正定,B 正定,且 $AB = BA$,则 AB 正定。

(4) 若 A 正定,B 非负定,且 $AB = BA$,则 AB 非负定。

(5) 若 A 正定,B 正定,且 $(A - B)$ 非负定,则 $(B^{-1} - A^{-1})$ 非负定。

4.2　矩阵的特征值和特征向量

特征值是矩阵最重要的结构参数,特征值和特征向量问题在矩阵的理论和应用上都十分重要,下面我们归纳一些有关的内容。

● 特征值和特征向量

设 A 是复数域上的 n 阶方阵,如果存在数 $\lambda \in \mathbf{C}$,以及非零向量 $\mid \xi \rangle$,使得

$$A \mid \xi \rangle = \lambda \mid \xi \rangle \tag{4.5}$$

则称 λ 为 A 的特征值,$\mid \xi \rangle$ 是 A 的属于特征值 λ 的特征向量。

A 的特征值满足下列特征方程:

$$\det(\lambda I - A) = 0 \tag{4.6}$$

式中,$\det(\lambda I - A)$ 称为 A 的特征多项式。这是一个 n 次多项式,故特征方程式 (4.6) 有 n 个根(特征值),这 n 个特征值的集合记为 $\Lambda(A) = \{\lambda_1, \lambda_2, \cdots, \lambda_n\}$,通常称为 A 的特征谱。

从总体上看,A 的 n 个特征值之和等于 A 的迹,n 个特征值之积等于 A 的行列式:

$$\sum_{i=1}^{n} \lambda_i = \mathrm{tr}A \tag{4.7}$$

$$\prod_{i=1}^{n} \lambda_i = \det A \tag{4.8}$$

若 A 是非奇异阵,则 $\det A \neq 0$,意味着 A 的所有特征值非零;若 A 是奇异阵,则 A 至少有一个特征值为 0。

● 一些矩阵的特征值的特点

(1) 对称矩阵 $A = A^T$,特征值全是实数。

(2) Hermite 阵 $A = A^\dagger$,特征值全是实数。

(3) 正交矩阵 $A^T = A^{-1}$,特征值为 ± 1。

(4) 酉矩阵 $A^\dagger = A^{-1}$,特征值的模都是 1,可写为 $\mathrm{e}^{\mathrm{i}\theta}$,$\theta$ 为实数。因此,酉矩阵的特征值分布在复平面的单位圆上。

(5) 投影矩阵(幂等矩阵)$A^2 = A$,特征值为 1 或 0。

(6) 自逆矩阵 $A = A^{-1}$,特征值为 ± 1。

(7) 正定阵 A 特征值全大于 0。

(8) 非负定阵 A 特征值不小于 0。

● 特征值和特征向量的重要性质

(1) A 与 A^T 的特征值相同,即 $\lambda_i(A) = \lambda_i(A^T)(i = 1, 2, \cdots, n)$,从而 $\Lambda(A) = \Lambda(A^T)$。

(2) 若多项式 $f(x) = a_s x^s + a_{s-1} x^{s-1} + \cdots + a_1 x + a_0$,设 λ 是 A 的特征值,$|\xi\rangle$ 是 A 的属于 λ 的特征向量,则 A 的多项式 $f(A) = a_s A^s + a_{s-1} A^{s-1} + \cdots + a_1 A + a_0 I$ 的特征值是 $f(\lambda)$,$f(A)$ 的属于 $f(\lambda)$ 的特征向量仍为 $|\xi\rangle$,从而有

$$\Lambda[f(A)] = \{f(\lambda_1), f(\lambda_2), \cdots, f(\lambda_n)\}$$

作为特例,有

$$f(x) = x^k, \quad f(A) = A^k, \quad \Lambda(A^k) = \{\lambda_1^k, \lambda_2^k, \cdots, \lambda_n^k\}$$

$$f(x) = x - \alpha, \quad f(A) = A - \alpha I, \quad \lambda_i(A - \alpha I) = \lambda_i - \alpha \quad (i = 1, 2, \cdots, n)$$

(3) 若 $\varphi(z) = \sum\limits_{k=0}^{\infty} c_k z^k$ 在整个复平面上收敛,则 $\varphi(A) = \sum\limits_{k=0}^{\infty} c_k A^k$ 是绝对收敛的。设 λ 是 A 的特征值,$|\xi\rangle$ 是 A 的属于 λ 的特征向量,则 $\varphi(A)$ 的特征值是 $\varphi(\lambda)$,$\varphi(A)$ 的属于 $\varphi(\lambda)$ 的特征向量仍为 $|\xi\rangle$,从而有

$$\Lambda[\varphi(A)] = \{\varphi(\lambda_1), \varphi(\lambda_2), \cdots, \varphi(\lambda_n)\}$$

作为特例,我们有

$$f(A) = A^{-1}, \quad \Lambda(A^{-1}) = \left\{ \frac{1}{\lambda_1}, \frac{1}{\lambda_2}, \cdots, \frac{1}{\lambda_n} \right\}$$

$$f(A) = \mathrm{e}^{\mathrm{i}A}, \quad \Lambda(\mathrm{e}^{\mathrm{i}A}) = \{\mathrm{e}^{\mathrm{i}\lambda_1}, \mathrm{e}^{\mathrm{i}\lambda_2}, \cdots, \mathrm{e}^{\mathrm{i}\lambda_n}\}$$

(4) 相似矩阵具有相同的特征值,即对任意非奇异阵 T,有 $\Lambda(A) = \Lambda(T^{-1}AT)$。

(5) 若 $A,B \in \mathbf{C}^{n \times n}$，则 $\Lambda(AB) = \Lambda(BA)$。

(6) Cayley - Hamilton 定理给出了矩阵特征多项式的一个重要性质,即任一方阵都是它本身的特征多项式之根。设 A 为 n 阶方阵,其特征多项式为

$$f(\lambda) = \det(\lambda A - I) = \lambda^n + a_{n-1}\lambda^{n-1} + \cdots + a_1\lambda + a_0$$

则 $f(A) = A^n + a_{n-1}A^{n-1} + \cdots + a_1A + a_0I = 0$。

(7) A 的属于不同特征值的特征向量线性无关;若 A 有 n 个互异的特征值,则 A 的 n 个特征向量线性无关。

(8) 设 A 的特征多项式为 $\varphi(\lambda) = (\lambda - \lambda_1)^{r_1}(\lambda - \lambda_2)^{r_2} \cdots (\lambda - \lambda_s)^{r_s}$, $\sum\limits_{i=1}^{s} r_i = n$,若任一 $\lambda_i (i = 1,2,\cdots,s)$ 都有 r_i 个线性无关的特征向量,则 A 的 n 个特征向量线性无关。

(9) 对称阵和 Hermite 阵的特征值全为实数,其相异特征值的特征向量正交,可构成正交归一的特征向量组。

● 矩阵的正交对角变换

一般相似变换 $B = T^{-1}AT$ 中,A 为任意方阵,要求变换阵 T 是可逆的。A、B 的相似变换反映了同一线性变换在不同基底下,外在矩阵之间的关系。因此,矩阵的行列式、迹、秩和特征值等结构参数都是相似变换的不变量。

下面研究对角相似变换,即讨论 A 可否相似于一个对角矩阵 B,若可,则称 A 为可对角化的。n 阶方阵 A 可对角化的充要条件是,A 有 n 个线性无关的特征向量。事实上,对于 A,有

$$A \mid \xi_i \rangle = \lambda_i \mid \xi_i \rangle \quad (i = 1,2,\cdots,n)$$

于是

$$A[\mid \xi_1 \rangle \mid \xi_2 \rangle \cdots \mid \xi_n \rangle] = [\mid \xi_1 \rangle \mid \xi_2 \rangle \cdots \mid \xi_n \rangle]\begin{bmatrix} \lambda_1 & & & \\ & \lambda_2 & & \\ & & \ddots & \\ & & & \lambda_n \end{bmatrix}$$

由于 A 的 n 个特征向量 $\mid \xi_1 \rangle, \mid \xi_2 \rangle, \cdots, \mid \xi_n \rangle$ 线性无关,令矩阵 $T = [\mid \xi_1 \rangle \mid \xi_2 \rangle \cdots \mid \xi_n \rangle]$,于是 T 可逆,可以成为相似变换阵。可得

$$T^{-1}AT = \text{diag}[\lambda_1, \lambda_2, \cdots, \lambda_n] \tag{4.9}$$

即 A 与以其特征值为对角线元素的对角矩阵相似。式(4.9)即为可对角化阵 A 的

对角相似变换。由于 A 的特征向量不是唯一的,故对角相似变换阵 T 也不唯一。

我们进一步研究正交对角相似变换,即讨论 A 不但是可对角化的,还要求相似变换矩阵 T 是酉阵(或正交阵)。著名的谱分解定理指出,当且仅当 A 是正规矩阵时

$$A^{\dagger}A = AA^{\dagger} \quad (\text{或 } A^{\mathrm{T}}A = AA^{\mathrm{T}})$$

A 不但可对角化,而且还具有正交归一的特征向量组。因此,A 是正规阵时,$T = \left[\ |\xi_1\rangle \quad |\xi_2\rangle \quad \cdots \quad |\xi_n\rangle\right]$ 为酉阵(或正交阵)。

由于 Hermite 阵(或对称阵)和酉阵(或正交阵)都是正规阵(其逆不成立),所以,它们都可以与以其本身的特征值为对角线元素的对角矩阵酉相似(或正交相似)。

4.3 张量积和 Kronecker 积

张量积是研究将低维向量空间复合在一起,构造成更高维的向量空间的数学工具,这种工具对理解多量子比特系统很重要。

● 张量积

设 V、W 为 m、n 维的 Hilbert 空间(量子力学著作中常提 Hilbert 空间,在量子计算中只需理解为酉空间),"V 张量 W" 表示为 $V \otimes W$,它是 mn 维的 Hilbert 空间。$V \otimes W$ 中的向量是 V 中向量 $|v\rangle$ 和 W 中向量 $|w\rangle$ 的张量积 $|v\rangle \otimes |w\rangle$ 的线性组合。我们常把 $|v\rangle \otimes |w\rangle$ 简记为 $|v\rangle|w\rangle$、$|v,w\rangle$,甚至 $|vw\rangle$。

张量积具有以下基本性质:

(1) 对任意 $c \in \mathbf{C}$,任意 $|v\rangle \in V$,$|w\rangle \in W$,有

$$c(|v\rangle \otimes |w\rangle) = (c|v\rangle) \otimes |w\rangle = |v\rangle \otimes (c|w\rangle)$$

(2) 对任意的 $|v_1\rangle$,$|v_2\rangle \in V$,任意 $|w\rangle \in W$,有

$$(|v_1\rangle + |v_2\rangle) \otimes |w\rangle = |v_1\rangle \otimes |w\rangle + |v_2\rangle \otimes |w\rangle$$

(3) 对任意 $|v\rangle \in V$,任意的 $|w_1\rangle$,$|w_2\rangle \in W$,有

$$|v\rangle \otimes (|w_1\rangle + |w_2\rangle) = |v\rangle \otimes |w_1\rangle + |v\rangle \otimes |w_2\rangle$$

再设 $|v\rangle \in V$,$|w\rangle \in W$,A、B 分别是 V、W 上的线性算子,则定义 $V \otimes W$ 上线性算子 $A \otimes B$ 为

$$(A \otimes B)(|v\rangle \otimes |w\rangle) = A|v\rangle \otimes B|w\rangle$$

若 $|i\rangle$ 和 $|j\rangle$ 分别为 V 和 W 空间中的正交归一基,则 $|i\rangle \otimes |j\rangle$(简记为 $|ij\rangle$)

就是 $V \bigotimes W$ 空间中的正交归一基。$V \bigotimes W$ 中的一般向量 $|\psi\rangle$ 可写为

$$|\psi\rangle = \sum_{ij} c_{ij} |i\rangle \bigotimes |j\rangle = \sum_{ij} c_{ij} |ij\rangle$$

式中，$c_{ij} = \langle ij | \psi \rangle$。

若 A 和 B 分别是 V 和 W 上的线性算子，则 $A \bigotimes B$ 对上述一般向量 $|\psi\rangle$ 的作用为

$$(A \bigotimes B)\left(\sum_{ij} c_{ij} |i\rangle \bigotimes |j\rangle\right) = \sum_{ij} c_{ij} A |i\rangle \bigotimes B |j\rangle$$

对于 $V \bigotimes W$ 中两个向量：$|\psi\rangle = \sum_{ij} c_{ij} |ij\rangle$ 和 $|\phi\rangle = \sum_{ij} d_{ij} |ij\rangle$，其内积被定义为

$$\langle \psi | \phi \rangle = \sum_{ij} c_{ij}^* d_{ij}$$

● Kronecker 积

量子计算中，将众多单量子比特复合成多量子比特系统时，应用张量积方法。但以上的讨论过于抽象，在具体的计算问题中，我们可以利用矩阵 Kronecker 积这一工具。在选择了向量空间的正交归一基底后，张量积就可用 Kronecker 工具进行计算。

任意两个矩阵 $A \in \mathbf{C}^{m \times n}$、$B \in \mathbf{C}^{p \times q}$ 的 Kronecker 积或直积定义为

$$A \bigotimes B = \begin{bmatrix} a_{11}B & a_{12}B & \cdots & a_{1n}B \\ a_{21}B & a_{22}B & \cdots & a_{2n}B \\ \vdots & \vdots & & \vdots \\ a_{m1}B & a_{m2}B & \cdots & a_{mn}B \end{bmatrix}_{mp \times nq}$$

即 Kronecker 积 $A \bigotimes B$ 是以 $a_{ij}B$ 为子块的分块矩阵。

对于 Kronecker 积，有下列关系式：

(1) 数乘，设 $k \in \mathbf{C}$，则

$$k(A \bigotimes B) = (kA) \bigotimes B = A \bigotimes (kB)$$

(2) 分配律

$$(A + B) \bigotimes C = (A \bigotimes C) + (B \bigotimes C)$$

$$C \bigotimes (A + B) = (C \bigotimes A) + (C \bigotimes B)$$

(3) 结合律

$$A \bigotimes (B \bigotimes C) = (A \bigotimes B) \bigotimes C$$

(4) 转置与共轭转置

$$(A \otimes B)^{\mathrm{T}} = A^{\mathrm{T}} \otimes B^{\mathrm{T}}$$

$$(A \otimes B)^{\dagger} = A^{\dagger} \otimes B^{\dagger}$$

(5) 混合积,若下列 A, B, C, D 矩阵符合乘法相容条件,则

$$(A \otimes C)(B \otimes D) = AB \otimes CD$$

(6) 逆,设 $A \in \mathbf{C}^{m \times m}, B \in \mathbf{C}^{n \times n}$,若 A^{-1} 与 B^{-1} 存在,则

$$(A \otimes B)^{-1} = A^{-1} \otimes B^{-1}$$

(7) 迹,若 A、B 分别为 m、n 阶方阵,则

$$\mathrm{tr}(A \otimes B) = \mathrm{tr}(A) \cdot \mathrm{tr}(B)$$

(8) 特征值,若 A、B 分别为 m、n 阶方阵,设

$$\Lambda(A) = \{\lambda_1, \cdots, \lambda_m\}, \quad \Lambda(B) = \{\mu_1, \cdots, \mu_n\}$$

则
$$\Lambda(A \otimes B) = \{\lambda_i \mu_j \mid i = 1, \cdots, m; \quad j = 1, \cdots, n\}$$

(9) 秩,

$$\mathrm{rank}(A \otimes B) = \mathrm{rank}(A) \cdot \mathrm{rank}(B)$$

应当指出,与矩阵乘法相仿,Kronecker 积的交换律一般不成立。

以下几个性质也经常用到:

(1)两个 Hermite 阵(或实对称阵)的 Kronecker 积也是 Hermite 阵(或实对称阵)。

(2)两个酉阵(或正交阵)的 Kronecker 积也是酉阵(或正交阵)。

(3)两个投影矩阵的 Kronecker 积也是投影矩阵。

(4)两个非负定阵的 Kronecker 积也是非负定阵。

(5)两个正规阵的 Kronecker 积也是正规阵。

● 量子计算中的复合问题举例

量子计算中用张量积作为描述复合量子系统状态空间的数学结构,复合量子系统的状态空间是诸分系统状态空间的张量积。设分系统的状态向量为 $|\psi_i\rangle(i = 1, 2, \cdots, n)$,则复合系统的状态向量为

$$|\psi\rangle = |\psi_1\rangle \otimes |\psi_2\rangle \otimes \cdots \otimes |\psi_n\rangle = |\psi_1 \psi_2 \cdots \psi_n\rangle$$

第二讲中提到,由两个单量子比特复合组成一个双量子比特系统。现设两个单量子比特的状态向量分别为

$$|\psi_1\rangle = \alpha_1 |0\rangle + \beta_1 |1\rangle, \quad |\psi_2\rangle = \alpha_2 |0\rangle + \beta_2 |1\rangle$$

即
$$| \psi_1 \rangle = \begin{bmatrix} \alpha_1 \\ \beta_1 \end{bmatrix}, \quad | \psi_2 \rangle = \begin{bmatrix} \alpha_2 \\ \beta_2 \end{bmatrix}$$

应用 Kronecker 积的方法，则有

$$| \psi \rangle = | \psi_1 \rangle \otimes | \psi_2 \rangle = | \psi_1 \psi_2 \rangle = \begin{bmatrix} \alpha_1 \begin{bmatrix} \alpha_2 \\ \beta_2 \end{bmatrix} \\ \beta_1 \begin{bmatrix} \alpha_2 \\ \beta_2 \end{bmatrix} \end{bmatrix} = \begin{bmatrix} \alpha_1 \alpha_2 \\ \alpha_1 \beta_2 \\ \beta_1 \alpha_2 \\ \beta_1 \beta_2 \end{bmatrix}$$

$| \psi \rangle$ 满足归一化要求：$| \alpha_1 \alpha_2 |^2 + | \alpha_1 \beta_2 |^2 + | \beta_1 \alpha_2 |^2 + | \beta_1 \beta_2 |^2 = 1$。

再研究在量子计算中的 Hadamard 门（简称 H 门）：$H = \dfrac{1}{\sqrt{2}} \begin{bmatrix} 1 & 1 \\ 1 & -1 \end{bmatrix}$。为方便

起见，我们暂不考虑系数 $1/\sqrt{2}$。研究下列 $2^1 \times 2^1$ 矩阵：$H_1 = \begin{bmatrix} 1 & 1 \\ 1 & -1 \end{bmatrix}$，用

Kronecker 积的方法，将 H_1 复合，可得 $2^2 \times 2^2$ 矩阵 H_2 为

$$H_2 = H_1 \otimes H_1 = \begin{bmatrix} H_1 & H_1 \\ H_1 & -H_1 \end{bmatrix} = \begin{bmatrix} 1 & 1 & 1 & 1 \\ 1 & -1 & 1 & -1 \\ 1 & 1 & -1 & -1 \\ 1 & -1 & -1 & 1 \end{bmatrix}$$

用归纳法，可得 $2^n \times 2^n$ 矩阵 H_n 为

$$H_n = H_1 \otimes H_{n-1} = \begin{bmatrix} H_{n-1} & H_{n-1} \\ H_{n-1} & -H_{n-1} \end{bmatrix}, \quad n = 1, 2, \cdots$$

其中，$H_0 = 1$。

第五讲　量子力学的基本假设

第二讲中我们讨论了量子比特,这是研究量子计算与量子信息的起点。我们将量子比特描述为具有特定属性的一个数学模型——Hilbert 空间(在量子计算中仅理解为酉空间)中的单位向量,或两值(0-1)的概率分布。我们并未述及承载量子比特的两能级量子系统的任何硬件细节,这不是本书讨论的内容。然而,不论自然的或人造的具有量子比特属性的量子硬件,它们都是按照量子力学的规律运行的。我们有必要针对量子计算与量子信息的要求,学习量子力学的基本规律(假设),以及以这些规律(假设)为依据推导有关结果。应当指出,我们必须了解量子力学中一些反直观的性质,特别是量子系统状态的隐含特征(叠加性、纠缠态等),它们可完成经典计算系统所无法胜任的量子信息处理与传输任务。

5.1　量子系统的状态与状态演化

● 量子系统的状态向量与状态空间

全面描述一个系统运行状况的一组变量,称为系统的状态变量;这组状态变量构成的向量,称为状态向量;状态向量所在的向量空间,称为状态空间。

对于 n 粒子的经典力学系统,状态变量可以是所有粒子的位置和速度。如果已知状态变量的初始值 $\{x_1(t_0),\cdots,x_n(t_0);\dot{x}_1(t_0),\cdots,\dot{x}_n(t_0)\}$,则由牛顿定律所给出的关于 x_i 和 $\dot{x}_i$ 的一阶常微分方程组,可解出状态向量 $\{x_1(t),\cdots,x_n(t);\dot{x}_1(t),\cdots,\dot{x}_n(t)\}$。

然而,量子力学建立在完全不同的数学框架上。下面介绍作为量子力学基础的基本假设。

基本假设 1:任一孤立量子系统完全由其状态向量所描述,该向量是量子系统状态空间中的单位向量,而量子系统状态空间是复内积向量空间,即酉空间(量子力学著作中常称为 Hilbert 空间）。

上述假设并未指出系统的状态变量和状态向量的具体细节，对于特定系统找出状态变量和状态向量是困难的，这不是本书的研究内容。对量子计算与量子信息研究来说，单量子比特作为可以在二维酉空间中描述的两能级量子体系，被视为是最基本的量子系统。单量子比特有一个二维的状态空间，设 $|0\rangle$ 和 $|1\rangle$ 是构成这个状态空间的正交归一基底，则状态空间中的任意状态向量可写为

$$|\psi\rangle = \alpha |0\rangle + \beta |1\rangle \tag{5.1}$$

其中，α、β 是复数；$|\psi\rangle$ 是单位向量，即 $\langle\psi|\psi\rangle = 1$，它称为状态向量的归一化条件，等价于

$$|\alpha|^2 + |\beta|^2 = 1 \tag{5.2}$$

这里，我们可以看到量子系统与经典力学系统的状态变量、状态向量的不同之处：

（1）经典力学系统的状态变量是确定性的，比如系统的位置变量、速度变量等等，而量子系统的状态变量是概率性的。对单量子比特，状态向量中属于 $|0\rangle$ 和 $|1\rangle$ 的状态变量 α 和 β 是形式的、测量不到的。状态向量中提供信息的仅是属于 $|0\rangle$ 和 $|1\rangle$ 的概率 $p_0 = |\alpha|^2$ 和 $p_1 = |\beta|^2$，即得到 $|0\rangle$ 的概率为 $|\alpha|^2$，得到 $|1\rangle$ 的概率为 $|\beta|^2$。因此，单量子比特的状态属于两值（0 - 1）概率分布，如图 5.1 所示。

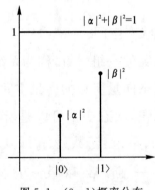

图 5.1 （0 - 1）概率分布

（2）量子系统的状态向量必须是单位向量，这是因为系统状态变量的模二次方之和，即概率总和必须为 1。因此，从几何意义上说，量子系统的状态向量必须归一化到单位向量。

● 量子系统的状态演化

基本假设 2：任一封闭量子系统的状态演化，可由一个酉变换来刻画。系统状态 $|\psi\rangle$ 的演化满足下列薛定谔(Schrödinger)方程：

$$ih\,|\,\dot{\psi}\,\rangle = H\,|\,\psi\,\rangle \tag{5.3}$$

式中：h 称为普朗克(Planck)常量，其值由实验确定；H 称为系统的 Hamilton 量，是一个 Hermite 矩阵。

若 Hamilton 量随时间变化，则系统是时变系统；若 Hamilton 量不依赖于时间，则系统是定常系统。

方程式(5.3)是一阶常微分方程组，对于定常系统，其解为

$$|\,\psi(t)\,\rangle = \exp\left[-\frac{i}{h}H(t-t_0)\right]|\,\psi(t_0)\,\rangle \tag{5.4}$$

现令

$$U = \exp\left[-\frac{i}{h}H(t-t_0)\right] = \sum_{k=0}^{\infty}\frac{1}{k!}\left[-\frac{i}{h}(t-t_0)\right]^k H^k \tag{5.5}$$

则

$$|\,\psi(t)\,\rangle = U\,|\,\psi(t_0)\,\rangle \tag{5.6}$$

3.3 节中已指出，在式(5.5)中，若 H 为 Hermite 阵，则 U 为酉矩阵。这意味着，任意封闭量子系统的时间演化，其状态向量始终是单位向量。

下面计算式(5.5)。设 Hamilton 量不依赖于时间 t，并取初始时间 $t_0=0$。令 λ_j 和 $|\,\xi_j\,\rangle$ 分别为 H 的特征值和特征向量。为简便起见，假定 H 的特征值各异，因此其特征向量集是正交集，经归一化处理后可组成正交归一基底。H 的正交对角分解为

$$H = \sum_j \lambda_j\,|\,\xi_j\,\rangle\langle\,\xi_j\,|$$

由 4.2 节知，式(5.5)的 U 的正交对角分解为

$$U = \sum_j \exp\left[-\frac{i}{h}\lambda_j t\right]|\,\xi_j\,\rangle\langle\,\xi_j\,| \tag{5.7}$$

将式(5.7)代入式(5.6)，可得

$$|\,\psi(t)\,\rangle = U\,|\,\psi(0)\,\rangle = \sum_j c_j(0)\exp\left[-\frac{i}{h}\lambda_j t\right]|\,\xi_j\,\rangle \tag{5.8}$$

式中，$c_j(0) = \langle\,\xi_j\,|\,\psi(0)\,\rangle$ 为初始状态 $|\,\psi(0)\,\rangle$ 在特征向量集所组成的正交归一基底上的坐标。

基本假设 2 中要求量子系统是封闭的,即它与其他系统没有任何相互作用。但现实中的所有系统至少在某种程度上与其他系统有相互作用。当然近似封闭系统是存在的,并且可以用酉变换近似描述其演化。

在量子计算与量子信息的研究中,我们并不讨论封闭的量子系统。相反,我们所研究的量子信息处理问题中,要讨论多量子比特系统的状态在特定的酉算子作用下的变换。顺便指出,有些量子系统的 Hamilton 量可以人为地改变,即通过实验,按需要改变实验中的一些参数,使系统在很好的近似程度上,按变化的 Hamilton 量的薛定谔方程演化。

5.2 量子系统的测量

前面已经提到,量子系统的状态具有概率性。一方面,我们无法通过测量量子系统来确定其状态,即无法测量得到系统的状态变量值;另一方面,我们只能获得量子系统的有限信息,即以一定概率测量到系统一些可能出现的结果。量子系统的不可观测状态和提供有限信息的特性,是量子计算研究中十分重要的课题。应当指出,测量是外部世界对量子系统的观测,这个观测作用使系统不再封闭,系统也就不再服从酉演化。下面研究量子系统测量的有关假设。

● 量子系统的测量

基本假设 3:量子系统的测量由一组测量算子 $\{M_k\}$ 描述,这些算子作用在被测系统的状态向量上,指标 k 表示测量可能得到的结果。若测量前一瞬间系统的状态为 $|\psi\rangle$,则测量结果 k 发生的概率为

$$p(k) = \langle\psi\,|\,M_k^\dagger M_k\,|\,\psi\rangle \tag{5.9}$$

测量之后系统的状态为

$$\frac{M_k\,|\,\psi\rangle}{\sqrt{\langle\psi\,|\,M_k^\dagger M_k\,|\,\psi\rangle}} \tag{5.10}$$

测量算子满足完备性方程:

$$\sum_k M_k^\dagger M_k = I \tag{5.11}$$

完备性方程表示了概率之和为 1,即

$$1 = \sum_k p(k) = \sum_k \langle\psi\,|\,M_k^\dagger M_k\,|\,\psi\rangle \tag{5.12}$$

式(5.12)对所有 $|\psi\rangle$ 都成立,它等价于式(5.11)。

基本假设 3 指出了量子系统测量中存在的两个反直观的性质:

(1)无法直接观测量子系统的状态向量,量子系统是一个只能间接和不完全测量的隐藏系统。

(2)测量量子系统是一个破坏性的过程,通常要改变系统的状态。

下面举例说明单量子比特在计算基态下的测量。单量子比特在测量之前的状态如式(5.1),取两个测量算子为 $M_0 = |0\rangle\langle0|$ 和 $M_1 = |1\rangle\langle1|$,以测量两个结果。

可获得测量结果为 0、1 的概率分别为

$$p(0) = \langle\psi|M_0^\dagger M_0|\psi\rangle = \langle\psi|M_0|\psi\rangle = |\alpha|^2$$

$$p(1) = \langle\psi|M_1^\dagger M_1|\psi\rangle = \langle\psi|M_1|\psi\rangle = |\beta|^2$$

测量之后的状态分别为

$$\frac{M_0|\psi\rangle}{|\alpha|} = \frac{\alpha}{|\alpha|}|0\rangle$$

$$\frac{M_1|\psi\rangle}{|\beta|} = \frac{\beta}{|\beta|}|1\rangle$$

● 投影测量

基本假设 3 给出了量子系统的一般测量方法,它对测量算子的限制较少。下面研究量子计算中经常应用的投影测量,确切地说是正交投影测量。

投影测量:量子系统的每一可观测量 λ,有相应的 Hermite 算子 M,使得测量 λ 所得到的测量结果是 M 的各特征值 λ_i,M 的属于 λ_i 的特征向量为 $|\xi_i\rangle$。由于 M 的 Hermite 性,M 与其自身特征值为主对角线元素的对角阵酉相似,因此,M 的诸特征向量构成一个正交归一基底。设 M 的谱分解为

$$M = \sum_i \lambda_i |\xi_i\rangle\langle\xi_i| = \sum_i \lambda_i P_i$$

式中,$P_i = |\xi_i\rangle\langle\xi_i|$ 是状态向量对 λ_i 所属特征向量空间的正交投影算子,是幂等的 Hermite 矩阵。状态向量 $|\psi\rangle$ 在 M 特征向量集构成的正交归一基底上展开为

$$|\psi\rangle = \sum_j c_j |\xi_j\rangle \tag{5.13}$$

正交投影算子 P_i 将 $|\psi\rangle$ 向特征向量 $|\xi_i\rangle$ 作正交投影,可得

$$P_i|\psi\rangle = c_i|\xi_i\rangle$$

于是,测量可观测量 λ 得到 λ_i 的概率为

$$p(\lambda = \lambda_i) = \langle\psi|P_i|\psi\rangle = |c_i|^2 \tag{5.14}$$

测量后的状态立即为

$$\frac{P_i \mid \psi \rangle}{\sqrt{\langle \psi \mid P_i \mid \psi \rangle}} = \frac{c_i}{\mid c_i \mid} \mid \xi_i \rangle$$

投影测量可以视为一般测量的特殊情况,其测量算子除满足完备性关系——$\sum_i P_i^\dagger P_i = I$ 外,还要满足正交投影条件(等价于幂等性和 Hermite 性):$P_i P_j = \delta_{ij} P_i$。这里 δ_{ij} 是 Kronecker 符号:若 $i=j$,则 $\delta_{ij}=1$;若 $i \neq j$,则 $\delta_{ij}=0$。

对于投影测量,需要说明以下几点:

(1)量子系统中的可观测量,例如能量等,而质量或电荷等不属于可观测量,它们是作为参数进入系统的 Hamilton 量。

(2)物理学上常将 Hermite 算子称为可观测量。事实上,可观测量相应于一个 Hermite 算子的原因是,Hermite 阵的特征值是实数,这使测量结果的可能取值是实数。再者,Hermite 阵的诸特征向量构成了一个正交归一基底,由于 $\mid \psi \rangle$ 的模为 1,则由式(5.13)、式(5.14)知

$$\sum_i p_i = \sum_i \mid c_i \mid^2 = 1$$

这意味着,概率和是归一的,即从实验测量中得到可观测量 λ 的各个测量结果值的总概率为 1。

(3)特殊情况下,若系统状态向量恰好是 M 的某特征值 λ_i 所属的特征向量,即 $\mid \psi \rangle = \mid \xi_i \rangle$,则可观测量的测量结果为 λ_i 的概率为 1。

● 计算基态测量

量子计算中,最常用到的是计算基态测量,具体可参见第二讲中计算基态的有关内容。

计算基态测量:n qubits 量子系统,对 $x \in \{0,1\}^n$,取测量算子集 $\{M_x\}$,其中,$M_x = \mid x \rangle \langle x \mid$ 是对计算基态向量 $\mid x \rangle$ 的正交投影算子。系统的状态向量[如式(2.13)]为

$$\mid \psi \rangle = \sum_{x \in \{0,1\}^n} c_x \mid x \rangle$$

正交投影算子 M_x 将 $\mid \psi \rangle$ 向计算基态向量 $\mid x \rangle$ 作正交投影,可得

$$M_x \mid \psi \rangle = c_x \mid x \rangle$$

于是,出现测量结果为 x 的概率为

$$\langle \psi \mid M_x \mid \psi \rangle = \mid c_x \mid^2$$

测量后的状态立即为

$$\frac{M_x \mid \psi\rangle}{\sqrt{\langle \psi \mid M_x \mid \psi\rangle}} = \frac{c_x}{\mid c_x \mid} \mid x\rangle$$

● 整体相位因子

下面讨论与量子测量有关的整体相位因子(global phase factor)问题。研究量子系统的状态 $e^{i\theta} \mid \psi\rangle$，其中，$\mid \psi\rangle$ 是状态向量，θ 是实数。我们说，除了整体相位因子 $e^{i\theta}$，状态 $e^{i\theta} \mid \psi\rangle$ 与状态 $\mid \psi\rangle$ 相同。

事实上，设 M_m 是测量算子，它作用于 $\mid \psi\rangle$ 和 $e^{i\theta} \mid \psi\rangle$ 后，得到测量结果 m 的概率分别为 $\langle \psi \mid M_m^\dagger M_m \mid \psi\rangle$ 和 $\langle \psi \mid e^{-i\theta} M_m^\dagger M_m e^{i\theta} \mid \psi\rangle = \langle \psi \mid M_m^\dagger M_m \mid \psi\rangle$。于是，从外部观测角度上说，这两个状态是等同的，故可以忽略整体相位因子，因为它与量子系统的可观测性无关。因此，对任何量子系统的状态来说，都不需要关注在外部观测上不重要的整体相位因子。

● 关于量子状态的区分问题

基本假设 3 的一个重要应用是区分量子系统的内部状态。可以证明，量子系统中非正交的内部状态，通过外部测量是无法区分的。例如，我们无法通过测量来区分非正交的状态 $\mid 0\rangle$ 和 $\mid +\rangle = \frac{1}{\sqrt{2}}(\mid 0\rangle + \mid 1\rangle)$。事实上，我们在计算基态上进行测量，若状态是 $\mid 0\rangle$，则测量将以概率 1 得到 0；若状态是 $\mid +\rangle$，则测量将以一半概率得到 0，一半概率得到 1。此时，当测到 1 时，则状态一定是 $\mid +\rangle$；但当测到 0 时，就无法判定状态是 $\mid 0\rangle$ 或 $\mid +\rangle$，况且，测量后的状态将坍塌到状态 $\mid 0\rangle$。

非正交量子状态的这种不可区分性是量子计算与量子信息中的一个重要概念，这正说明了通过测量无法访问到量子状态的隐含信息的事实。

5.3　量子系统的复合

对于两个及多个量子系统组成的复合量子系统，其状态向量的复合方法，已在多量子比特系统和张量积等问题中讲述过。下面简要地归纳一下。

● 量子系统的状态复合

基本假设 4：复合量子系统的状态空间是分量子系统状态空间的张量积。若分系统的状态向量为 $\mid \psi_i\rangle (i = 1, \cdots, n)$，则复合系统的状态向量为 $\mid \psi_1\rangle \otimes \cdots \otimes \mid \psi_n\rangle$，简记为 $\mid \psi_1 \cdots \psi_n\rangle$。复合系统的基向量是由各分系统的基向量利用向量的张量积构造而成的。

之所以用张量积作为描述复合系统状态空间的数学结构的基本假设,是因为这与量子力学的叠加原理(super-position principle) 相符合。叠加原理指出,若 $|x\rangle$ 和 $|y\rangle$ 是量子系统的两个状态,则它们的任意叠加——$\alpha|x\rangle+\beta|y\rangle$ 也是量子系统的一个可能状态,其中 $|\alpha|^2+|\beta|^2=1$。对于复合系统,若 $|A\rangle$、$|B\rangle$ 分别为系统 A、系统 B 的一个状态,则相应地有某个状态(记作 $|A\rangle|B\rangle$,简记为 $|AB\rangle$)属于复合系统 AB。所以,应用叠加原理的乘积形式的状态,就能得到如上提出的张量积。这一点在第二讲关于双量子比特系统的内容中已有阐述。

● 复合量子系统中的纠缠现象

量子力学中最令人惊奇也是最违反直觉的事实是在复合量子系统中所观察到的纠缠现象。下面介绍这个问题(在第十六讲中我们还将进一步分析)。

设两个系统状态空间为 $\mathcal{H}_1$ 和 $\mathcal{H}_2$,复合而成的复合系统的状态空间为 $\mathcal{H}=\mathcal{H}_1\otimes\mathcal{H}_2$。例如两个单量子比特系统 $\mathcal{H}_1$ 和 $\mathcal{H}_2$,其基向量分别为

$$\{|0\rangle_1, |1\rangle_1\}, \{|0\rangle_2, |1\rangle_2\}$$

则其复合系统状态空间 $\mathcal{H}$ 的基向量集为

$$\{|0\rangle_1\otimes|0\rangle_2, |0\rangle_1\otimes|1\rangle_2, |1\rangle_1\otimes|0\rangle_2, |1\rangle_1\otimes|1\rangle_2\}$$

叠加原理指出,$\mathcal{H}$ 中最一般的状态向量并非一定是 $\mathcal{H}_1$ 和 $\mathcal{H}_2$ 中状态向量的张量积。事实上,$\mathcal{H}$ 中最一般的状态可以为下列的任意线性组合(叠加):

$$|\psi\rangle=\sum_{i,j}c_{ij}|i\rangle_1\otimes|j\rangle_2=\sum_{i,j}c_{ij}|ij\rangle$$

于是,若 $\mathcal{H}$ 中的一个状态向量 $|\psi\rangle$ 不能被写成属于 $\mathcal{H}_1$ 的 $|\alpha\rangle_1$ 和属于 $\mathcal{H}_2$ 的 $|\beta\rangle_2$ 的张量积,则称该系统为纠缠的,或不可分离的。反之,若状态 $|\psi\rangle$ 可以写成为 $|\psi\rangle=|\alpha\rangle_1\otimes|\beta\rangle_2$,则该状态就称为可分离的。第二讲中提到的 Bell 态——$|\psi\rangle=\dfrac{1}{\sqrt{2}}(|00\rangle+|11\rangle)$,就是纠缠态。

复合系统的状态不能被写为它的分系统状态的张量积,称为纠缠态。纠缠态在量子计算和量子信息中扮演极重要的角色,但对它的起因却不完全清楚。

5.4　量子系统建模小结

量子计算和量子信息是量子力学和计算机科学、信息论的融合,因此我们必须学习有关量子力学的必要知识。本讲讨论了量子力学的四点基本假设,量子计算

和量子信息的大部分内容都是以这些假设为根据而推导出的各种结果。下面综合四点基本假设,归纳量子系统的建模方法。

● 量子力学提供的数学框架(数学模型)

量子力学的四点基本假设给出了研究量子系统的数学框架(数学模型)。本书不述及具体量子系统的物理特性,而专注于作为数学对象的单量子比特和多量子比特系统(可构成量子计算机)的数学模型。

(1)基本假设 1 给出了量子系统的静态数学模型。

例如,单量子比特是两能级的量子系统,两个能级状态表示为 $|0\rangle$ 和 $|1\rangle$。单量子比特状态原始的数学模型是 $(0-1)$ 概率分布,如图 5.1 所示。状态为 $|0\rangle$ 和 $|1\rangle$ 的概率分别为 p_0 和 p_1,这里,$0 \leqslant p_0, p_1 \leqslant 1$,以及 $p_0 + p_1 = 1$。系统状态的计算变换就是操控 $(0-1)$ 概率分布的变化。

基本假设 1 把量子系统的状态在复内积向量空间上建模,定义了全面描述系统的状态向量是酉空间上的一个单位向量。对单量子比特,两个能级状态 $|0\rangle$ 和 $|1\rangle$ 对应两个可能的测量结果 0 和 1。能级状态的数目(或可能的测量结果的数目)确定了状态空间的维数为 2;而能级状态 $\{|0\rangle, |1\rangle\}$ 是状态空间的一个正交归一基。单量子比特的状态向量 $|\psi\rangle$ 是 $|0\rangle$ 和 $|1\rangle$ 的线性组合(叠加):$|\psi\rangle = \alpha |0\rangle + \beta |1\rangle$,这里,$|\alpha|^2 + |\beta|^2 = p_0 + p_1 = 1$。由于状态 $|\psi\rangle$ 不限于平面向量,它可以是 Bloch 球上的立体向量,故概率幅 α 和 β 取为复数。概率模型的归一性,决定了状态向量 $|\psi\rangle$ 的变换只能是酉变换(保模变换)。

(2)基本假设 2 给出了量子系统的动态数学模型。

量子系统的动态演化是酉演化(保模演化),由薛定谔方程所描述。在量子计算中,除了研究量子系统仿真外,一般可以不关注量子系统的动态演化。

(3)基本假设 3 给出了量子系统的测量对系统数学模型的影响。

外部对量子系统的测量,有两点需特别注意:

1)由于量子系统内部状态是概率性的,因此外部也只能测量到这个概率世界的展现。例如,对于单量子比特 $|\psi\rangle = \alpha |0\rangle + \beta |1\rangle$,外界可以观测到结果 0 或 1,其概率分别为 $|\alpha|^2$ 或 $|\beta|^2$。

2)对量子系统实施测量,使外界(测量设备)对量子系统(微观粒子)产生物理交互作用,打破了量子系统的封闭性,改变了系统的状态,从而影响了量子系统的

数学模型。例如,对于单量子比特 $|\psi\rangle = \alpha\,|\,0\rangle + \beta\,|\,1\rangle$,测量后系统的状态分别以概率 $|\,\alpha\,|^2$ 或 $|\,\beta\,|^2$ 坍塌到基向量 $|\,0\rangle$ 或 $|\,1\rangle$。

(4) 基本假设 4 给出了复合量子系统的数学模型。

复合量子系统数学模型的建立,采用了张量积方法。在第二讲中,我们用张量积方法对两个单量子比特进行复合,其结果与概率推演结果相同。对于多量子比特系统,读者可用数学归纳法进行复合。

● 注记

(1) 量子系统的状态空间是 Hilbert 空间,在量子力学中有两个等价的全面描述系统状态的数学模型,一是状态向量,二是密度算子。

对于 n qubits 量子系统,设系统以概率 p_i 处在状态 $|\,\psi_i\rangle$ 上,其概率分布如图 5.2 所示,称 $\langle p_i, |\,\psi_i\rangle\rangle$ 为系统状态的系综 (ensemble of state)。系统的密度算子 (密度矩阵) 定义为

$$\rho = \sum_i p_i\,|\,\psi_i\rangle\langle\psi_i\,|$$

为满足概率归一性要求,可以证明密度算子 ρ 是非负定且迹为 1 的矩阵。

因此,一个 Hilbert 空间上的量子系统,既可以用单位状态向量 $|\,\psi\rangle$ 来描述,也可以用非负定且迹为 1 的密度算子 ρ 来描述。这里不作更详细的讨论了。

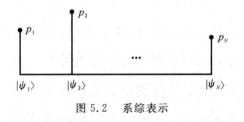

图 5.2　系综表示

(2) 在量子状态上可以施加两类算子:一是变换算子,这是对状态施加酉(保模)变换,由酉矩阵来实施;二是测量算子,这是一系列满足完备性条件的算子 $\{M_k\}$,k 表示测量结果。对正交投影测量,M_k 是 Hermite 的幂等矩阵。

(3) 对于承载量子比特的量子硬件而言,在 20 世纪 70 年代起就对单量子系统的完全可操控性进行了研究。单量子系统的操控对于把强大的量子力学工具运用到量子计算与量子信息的研究,起着根本作用。若一个两能级的量子体系,可进行如下操作,就可以被用作一个量子比特:

1)它可以被制备为某些特定的状态,如基准态 $|\,0\rangle$;

2)从任一状态通过酉算子可以变换到任一另外状态；

3)状态可以在计算基态$\{|0\rangle, |1\rangle\}$上测量。

（4）在量子计算与量子信息研究中，要针对一些特定的应用场景，发挥量子系统的叠加性、纠缠态等独特的作用，去完成经典计算与经典信息中无法完成的任务。这一点正是编写本书的主要目的。

第六讲　基本量子门

当前量子计算有三种不同但等效的方法：量子电路模型（Quantum Circuit Model，QCM），基于测量的量子计算（Measurement‐Based Quantum Computing，MBQC）和绝热量子计算（Adiabatic Quantum Computing，AQC）。本书介绍量子电路模型法，这是最常用和直观的方法。

经典计算机的线路是由连线和逻辑门所构成的。量子计算机的线路也是由连线和量子门所构成的，连线用于传递量子信息，而量子门负责处理量子信息。下面讨论一些基本的量子门。

6.1　单量子比特门

单量子比特具有两维酉空间上的状态向量：$|\psi\rangle = \alpha |0\rangle + \beta |1\rangle$，其中，$\alpha$、$\beta$ 为复参数，满足归一化条件：$|\alpha|^2 + |\beta|^2 = 1$。对单量子比特的运算必须保持状态向量的范数，即保持单位向量之间的变换，这由 2×2 酉矩阵（保模阵）来实施，而酉矩阵由单量子比特门来实现。

在具体描述单量子比特门之前，先介绍单量子比特状态向量可视化的一个图像——Bloch 球。

● Bloch 球

单量子比特的状态向量是单位向量，它可以用单位半径的球面上的一个点来表示，该球称为 Bloch 球，如图 6.1 所示。图中，Bloch 球的北极为 A 点，南极为 B 点，分别对应 $|0\rangle$ 和 $|1\rangle$。经典位只能位于北极或南极，而量子位可位于球体上任一点。Bloch 球中可构成球坐标系，角度 (θ, φ) 定义了一个 Bloch 向量。下面给出状态向量的球坐标 (θ, φ) 的确定方法。

单量子比特的状态向量为

$$|\psi\rangle = \alpha |0\rangle + \beta |1\rangle, \quad |\alpha|^2 + |\beta|^2 = 1 \tag{6.1}$$

式中,α、β 为两个复参数。现设 $\alpha = r_1 e^{i\gamma}$,$\beta = r_2 e^{i\delta}$,则由式(6.1) 得

$$|\psi\rangle = e^{i\gamma}(r_1 |0\rangle + r_2 e^{i\phi} |1\rangle) \qquad (6.2)$$

式中,$\phi = \delta - \gamma$。式(6.2) 中括号外的整体相位因子 $e^{i\gamma}$ 可以略去,因为它不具有任何可观测的效应。因此,式(6.2) 的有效形式为

$$|\psi\rangle = r_1 |0\rangle + r_2 e^{i\phi} |1\rangle, \quad r_1^2 + r_2^2 = 1 \qquad (6.3)$$

Bloch 球上的 θ 由式(6.3) 中的 r_1 所确定:取 $\cos \dfrac{\theta}{2} = r_1$。Bloch 球上的 A 点,$r_1 = 1$,$r_2 = 0$,$|\psi\rangle$ 与 z 轴夹角 $\theta = 0$;对于 B 点,$r_1 = 0$,$r_2 = 1$,$|\psi\rangle$ 与 z 轴夹角为 π。由于 $|\psi\rangle$ 是单位向量,故 $r_2 = \sin \dfrac{\theta}{2}$。而 Bloch 球上的 ϕ 就是式(6.3) 中的 ϕ。于是可得,在 Bloch 球上表示的单量子比特的状态向量(Bloch 向量) 为

$$|\psi\rangle = \cos \frac{\theta}{2} |0\rangle + e^{i\phi} \sin \frac{\theta}{2} |1\rangle \qquad (6.4)$$

式中,$0 \leqslant \theta \leqslant \pi$,$0 \leqslant \phi \leqslant 2\pi$。

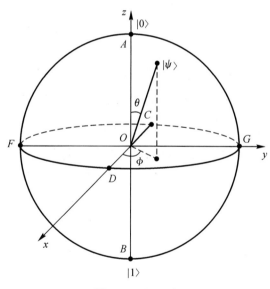

图 6.1　Bloch 球

另外,状态向量 $|\psi\rangle$ 在 Bloch 球的笛卡儿坐标系 x,y 和 z 轴上投影所构成向量 $(\cos\phi\sin\theta, \sin\phi\sin\theta, \cos\theta)$,也称为 Bloch 向量。易于求得 $|\psi\rangle$ 为

$$|\psi\rangle = \begin{bmatrix} \cos \dfrac{\theta}{2} \\ e^{i\phi} \sin \dfrac{\theta}{2} \end{bmatrix} = \begin{bmatrix} \sqrt{\dfrac{1+z}{2}} \\ \dfrac{x + iy}{\sqrt{2(1+z)}} \end{bmatrix} \qquad (6.5)$$

可以标出 Bloch 球上一些特殊点的状态变量状况,如 $A(\alpha=1,\beta=0)$, $B(0,1)$, $C\left(\dfrac{1}{\sqrt{2}}, -\dfrac{1}{\sqrt{2}}\right)$, $D\left(\dfrac{1}{\sqrt{2}}, \dfrac{1}{\sqrt{2}}\right)$, $F\left(\dfrac{1}{\sqrt{2}}, -\dfrac{i}{\sqrt{2}}\right)$, $G\left(\dfrac{1}{\sqrt{2}}, \dfrac{i}{\sqrt{2}}\right)$。

量子比特的状态可以在 Bloch 球的 $|0\rangle$、$|1\rangle$ 上测量,即测量量子比特沿 z 轴的极化。测量结果为 $0(\delta_z=+1)$ 或 $1(\delta_z=-1)$,其概率为

$$p_0 = |\langle 0 \mid \psi \rangle|^2 = \cos^2 \frac{\theta}{2}, \quad p_1 = |\langle 1 \mid \psi \rangle|^2 = \sin^2 \frac{\theta}{2}$$

Bloch 球为单量子比特的状态向量及其变换提供了几何图像,很多文献上经常提及。但这种直观想象是有局限的,因为它难以推广到多量子比特的情况。

● 单量子比特门

单量子比特门实现单量子比特状态向量的运算(变换),它的数学表现是一个 2×2 的酉矩阵。酉性限制是对量子门的唯一限制。以下给出一些常用的单量子比特门,这些门都可以在实际系统中实现。

首先给出很重要的 Pauli 门,第三讲中已列出对应的 Pauli 阵为

$$\sigma_x = X = \begin{bmatrix} 0 & 1 \\ 1 & 0 \end{bmatrix}, \quad \sigma_y = Y = \begin{bmatrix} 0 & -i \\ i & 0 \end{bmatrix}, \quad \sigma_z = Z = \begin{bmatrix} 1 & 0 \\ 0 & -1 \end{bmatrix}$$

它们都具有 H 性(Hermite 性)和 U(酉)性,因而也具有自逆性。三个 Pauli 阵的特征值均为 $+1$ 和 -1,对应于特征值的各特征向量见表 6.1。表中各特征向量在 Bloch 球面上的位置 (A,B,C,D,F,G) 见图 6.1。

表 6.1 Pauli 阵的特征向量

Pauli 阵	特征值	
	$\lambda_1 = +1$	$\lambda_2 = -1$
X	$\dfrac{1}{\sqrt{2}}(|0\rangle+|1\rangle) = |+\rangle$ (D 点)	$\dfrac{1}{\sqrt{2}}(|0\rangle-|1\rangle) = |-\rangle$ (C 点)
Y	$\dfrac{1}{\sqrt{2}}(|0\rangle+i|1\rangle)$ (G 点)	$\dfrac{1}{\sqrt{2}}(|0\rangle-i|1\rangle)$ (F 点)
Z	$|0\rangle$ (A 点)	$|1\rangle$ (B 点)

X 门可看作是量子非门,它不同于经典非门,属于线性的非门,它使状态向量中两个概率幅 α、β 翻转。另外,Z 门使状态向量中 $|0\rangle$ 的符号不变,而翻转 $|1\rangle$ 的符号,如图 6.2 所示。

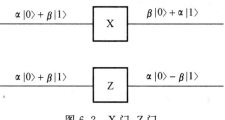

图 6.2　X 门、Z 门

Hadamard 门（H 门）在量子计算中扮演非常重要的角色，其定义为

$$H = \frac{1}{\sqrt{2}} \begin{bmatrix} 1 & 1 \\ 1 & -1 \end{bmatrix}$$

H 门具有 H 性和 U 性，因而也具有自逆性。H 门可把计算基态向量 $|0\rangle$ 和 $|1\rangle$ 变换为新的基态向量 $|+\rangle$ 和 $|-\rangle$：

$$\begin{cases} H \mid 0\rangle = \dfrac{1}{\sqrt{2}}(\mid 0\rangle + \mid 1\rangle) \equiv \mid +\rangle \\[3mm] H \mid 1\rangle = \dfrac{1}{\sqrt{2}}(\mid 0\rangle - \mid 1\rangle) \equiv \mid -\rangle \end{cases}$$

下面介绍相移门。状态 $e^{i\theta} \mid \psi\rangle$ 与状态 $\mid \psi\rangle$ 在测量统计意义上是等同的。这里，$e^{i\theta}$（θ 实数）为整体相位因子（global phase factor），因而可以忽略。但另一类所谓相对相位因子（relative phase factor），含义则不同。定义相移门：

$$R_z(\delta) = \begin{bmatrix} 1 & 0 \\ 0 & e^{i\delta} \end{bmatrix} \tag{6.6}$$

它维持 $|0\rangle$ 不变，把 $|1\rangle$ 变换为 $e^{i\delta} \mid 1\rangle$。这里，$e^{i\delta}$（$\delta$ 实数）为相对相位因子。相对相位可以观测，因而不能忽略。显然，相移门矩阵式（6.6）具有 U 性。单量子比特的状态式（6.4）在相移门作用下，产生变换为

$$R_z(\delta) \mid \psi\rangle = \begin{bmatrix} 1 & 0 \\ 0 & e^{i\delta} \end{bmatrix} \begin{bmatrix} \cos\dfrac{\theta}{2} \\[3mm] e^{i\phi}\sin\dfrac{\theta}{2} \end{bmatrix} = \begin{bmatrix} \cos\dfrac{\theta}{2} \\[3mm] e^{i(\phi+\delta)}\sin\dfrac{\theta}{2} \end{bmatrix} \tag{6.7}$$

相移门的变换效果相当于把状态向量在 Bloch 球面上绕 z 轴逆时针旋转角度 δ。

几个常见的相移门如下：

$$T = R_z\left(\frac{\pi}{4}\right) = \begin{bmatrix} 1 & 0 \\ 0 & e^{i\pi/4} \end{bmatrix}, \quad S = R_z\left(\frac{\pi}{2}\right) = \begin{bmatrix} 1 & 0 \\ 0 & i \end{bmatrix}, \quad Z = R_z(\pi) = \begin{bmatrix} 1 & 0 \\ 0 & -1 \end{bmatrix}$$

很明显，$T^2 = S, S^2 = Z$。

下面列出一些基本的单量子比特门：

$$\text{Hadamard 门} \quad -\boxed{H}- \quad \frac{1}{\sqrt{2}}\begin{bmatrix} 1 & 1 \\ 1 & -1 \end{bmatrix}$$

$$\text{Pauli X 门} \quad -\boxed{X}- \quad \begin{bmatrix} 0 & 1 \\ 1 & 0 \end{bmatrix}$$

$$\text{Pauli Y 门} \quad -\boxed{Y}- \quad \begin{bmatrix} 0 & -i \\ i & 0 \end{bmatrix}$$

$$\text{Pauli Z 门} \quad -\boxed{Z}- \quad \begin{bmatrix} 1 & 0 \\ 0 & -1 \end{bmatrix}$$

$$\text{S 门} \quad -\boxed{S}- \quad \begin{bmatrix} 1 & 0 \\ 0 & i \end{bmatrix}$$

$$\text{T 门} \quad -\boxed{T}- \quad \begin{bmatrix} 1 & 0 \\ 0 & e^{i\pi/4} \end{bmatrix}$$

● 三类旋转算子

当 Pauli 阵出现在指数中时，可导出三类有用的酉矩阵，它们是绕 x,y,z 轴的旋转算子。第三讲中已指出，若 A 为自逆阵（$A^2 = I$），x 为实数，则有

$$e^{iAx} = (\cos x)I + i(\sin x)A$$

由于 Pauli 阵是自逆阵，即 $X^2 = Y^2 = Z^2 = I$，于是

$$e^{-i(\delta/2)X} = \cos\frac{\delta}{2}I - i\sin\frac{\delta}{2}X = \begin{bmatrix} \cos\dfrac{\delta}{2} & -i\sin\dfrac{\delta}{2} \\ -i\sin\dfrac{\delta}{2} & \cos\dfrac{\delta}{2} \end{bmatrix} \equiv R_x(\delta) \qquad (6.8)$$

$$e^{-i(\delta/2)Y} = \cos\frac{\delta}{2}I - i\sin\frac{\delta}{2}Y = \begin{bmatrix} \cos\dfrac{\delta}{2} & -\sin\dfrac{\delta}{2} \\ \sin\dfrac{\delta}{2} & \cos\dfrac{\delta}{2} \end{bmatrix} \equiv R_y(\delta) \qquad (6.9)$$

$$e^{-i(\delta/2)Z} = \cos\frac{\delta}{2}I - i\sin\frac{\delta}{2}Z = e^{-i(\delta/2)}\begin{bmatrix} 1 & 0 \\ 0 & e^{i\delta} \end{bmatrix} \equiv R_z(\delta) \qquad (6.10)$$

其中，$R_x(\delta)$，$R_y(\delta)$，$R_z(\delta)$ 分别为绕 x,y,z 轴的旋转算子。式(6.10)与式(6.6)只相差一个没有实质意义的整体相位因子。

事实上，设状态 $|\psi\rangle$、旋转算子作用后的状态 $|\psi'\rangle = R|\psi\rangle$ 的笛卡儿坐标分别

为 (x,y,z)、(x',y',z')，其中，$(x,y,z)=(\sin\theta\cos\varphi,\sin\theta\sin\varphi,\cos\theta)$。首先研究绕 z 轴的旋转算子式(6.10)对状态 $|\psi\rangle$ 的作用：

$$|\psi'\rangle=R_z(\delta)\,|\,\psi\rangle=\mathrm{e}^{-\mathrm{i}(\delta/2)}\begin{bmatrix}1&0\\0&\mathrm{e}^{\mathrm{i}\delta}\end{bmatrix}\begin{bmatrix}\cos\dfrac{\theta}{2}\\[2mm]\mathrm{e}^{\mathrm{i}\phi}\sin\dfrac{\theta}{2}\end{bmatrix}=\mathrm{e}^{-\mathrm{i}(\delta/2)}\begin{bmatrix}\cos\dfrac{\theta}{2}\\[2mm]\mathrm{e}^{\mathrm{i}(\phi+\delta)}\sin\dfrac{\theta}{2}\end{bmatrix}$$

上式中除了整体相位因子 $\mathrm{e}^{-\mathrm{i}(\delta/2)}$ 之外，就是式(6.6)相移门的作用，这即是将状态向量绕 z 轴逆时针旋转了 δ 角，可表示为

$$\begin{bmatrix}x'\\y'\end{bmatrix}=\begin{bmatrix}\cos\delta&-\sin\delta\\\sin\delta&\cos\delta\end{bmatrix}\begin{bmatrix}x\\y\end{bmatrix}$$

$$z'=z$$

同样地，由式(6.8)计算 $|\psi'\rangle=R_x(\delta)\,|\,\psi\rangle$，可以得到

$$x'=x$$

$$\begin{bmatrix}y'\\z'\end{bmatrix}=\begin{bmatrix}\cos\delta&-\sin\delta\\\sin\delta&\cos\delta\end{bmatrix}\begin{bmatrix}y\\z\end{bmatrix}$$

这即是将状态向量绕 x 轴逆时针旋转了 δ 角。最后，由式(6.9)计算 $|\psi'\rangle=R_y(\delta)$ $|\psi\rangle$，可以得到

$$y'=y$$

$$\begin{bmatrix}z'\\x'\end{bmatrix}=\begin{bmatrix}\cos\delta&-\sin\delta\\\sin\delta&\cos\delta\end{bmatrix}\begin{bmatrix}z\\x\end{bmatrix}$$

这即是将状态向量绕 y 轴逆时针旋转了 δ 角。

● 注记

(1)单量子比特门实现了量子比特状态向量的变换。从数学上说，单量子比特门是一个 2×2 酉矩阵对状态向量的作用；从几何上说，单量子比特门将 Bloch 球面上的一点移动到另一点。

(2)任何作用于单量子比特状态向量的酉运算，都可以用 Hadamard 门和相移门来实现。因为这无非就是移动 Bloch 球面上的点，而这一移动完全可以由这两个量子门来实现。例如，读者可自行证明在 Bloch 球面上把状态从 (θ_1,ϕ_1) 移动到 (θ_2,ϕ_2) 的酉运算如下：

$$R_z\left(\frac{\pi}{2}+\phi_2\right)HR_z(\theta_2-\theta_1)HR_z\left(-\frac{\pi}{2}-\phi_1\right)$$

● Pauli 阵、H 阵和旋转阵的一些关系式

(1)
$$X^2 = Y^2 = Z^2 = I$$

$$XY = -YX = iZ, \quad YZ = -ZY = iX, \quad ZX = -XZ = iY$$

(2)
$$XXX = X, \quad YXY = -X, \quad ZXZ = -X$$

$$XYX = -Y, \quad YYY = Y, \quad ZYZ = -Y$$

$$XZX = -Z, \quad YZY = -Z, \quad ZZZ = Z$$

(3) $XR_x(\theta)X = R_x(\theta), \quad YR_x(\theta)Y = R_x(-\theta), \quad ZR_x(\theta)Z = R_x(-\theta)$

$XR_y(\theta)X = R_y(-\theta), \quad YR_y(\theta)Y = R_y(\theta), \quad ZR_y(\theta)Z = R_y(-\theta)$

$XR_z(\theta)X = R_z(-\theta), \quad YR_z(\theta)Y = R_z(-\theta), \quad ZR_z(\theta)Z = R_z(\theta)$

(4)
$$H = \frac{1}{\sqrt{2}}(X + Z)$$

$$HXH = Z, \quad HYH = -Y, \quad HZH = X$$

$$HR_x(\theta)H = R_z(\theta), \quad HR_y(\theta)H = R_y(-\theta), \quad HR_z(\theta)H = R_x(\theta)$$

6.2 受控门与受控运算

● 受控非门

受控非门(Controlled Not Gate,CNOT 门)是量子计算中非常重要的双量子比特门。如图 6.3 所示,CNOT 门有两个输入量子比特:第一位是控制量子比特 c,第二位是目标量子比特 t。若 c 置 0,则 t 保持不变;若 c 置 1,则 t 被翻转。可用式子表示为

$$|00\rangle \rightarrow |00\rangle, \quad |01\rangle \rightarrow |01\rangle, \quad |10\rangle \rightarrow |11\rangle, \quad |11\rangle \rightarrow |10\rangle$$

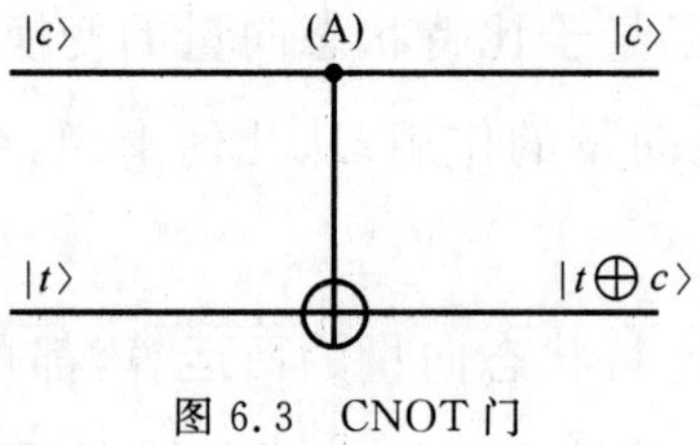

图 6.3　CNOT 门

上述关系的实现,可用模 2 相加的方法:

$$|c,t\rangle \rightarrow |c, t \oplus c\rangle$$

即将控制量子比特与目标量子比特作模 2 相加,并将结果存入目标量子比特位中。我们知道,双量子比特的计算基态向量为

$$|00\rangle = \begin{bmatrix} 1 \\ 0 \\ 0 \\ 0 \end{bmatrix}, \quad |01\rangle = \begin{bmatrix} 0 \\ 1 \\ 0 \\ 0 \end{bmatrix}, \quad |10\rangle = \begin{bmatrix} 0 \\ 0 \\ 1 \\ 0 \end{bmatrix}, \quad |11\rangle = \begin{bmatrix} 0 \\ 0 \\ 0 \\ 1 \end{bmatrix}$$

因此,CNOT 门在计算基态的基底下,可以用下列矩阵来表示:

$$\mathrm{CNOT} = \begin{bmatrix} 1 & 0 & 0 & 0 \\ 0 & 1 & 0 & 0 \\ 0 & 0 & 0 & 1 \\ 0 & 0 & 1 & 0 \end{bmatrix} \tag{6.11}$$

很明显,CNOT 具有 U 性和 H 性,因而也具有自逆性:$(\mathrm{CNOT})^2 = I$,即受控非门是可逆门。量子门的可逆性(可逆运算)意味着,一个量子门的作用总可以通过该量子门反向翻转过来。

● 广义受控非门

上面研究的是标准受控非门(图 6.3 所示的 A 情况),其第一位是控制位,而控制位置 1 时,目标位翻转。图 6.3 中用实心的圆圈表示控制位置 1。

下面考虑广义受控非门。图 6.4 所示的 B 情况,其第一位是控制位,控制位置 0 时,目标位翻转。图 6.4 中用空的圆圈表示控制位置 0。可用公式表示为

$$|00\rangle \rightarrow |01\rangle, \quad |01\rangle \rightarrow |00\rangle, \quad |10\rangle \rightarrow |10\rangle, \quad |11\rangle \rightarrow |11\rangle$$

用矩阵表示 B 情况的 CNOT 门为

$$\mathrm{CNOT(B)} = \begin{bmatrix} 0 & 1 & 0 & 0 \\ 1 & 0 & 0 & 0 \\ 0 & 0 & 1 & 0 \\ 0 & 0 & 0 & 1 \end{bmatrix}$$

B 情况的 CNOT 门可以分解成一个标准的 CNOT 门和两个非门 X,如图 6.4 所示。

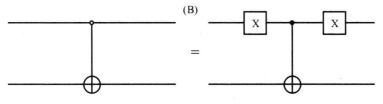

图 6.4　广义 CNOT 门(B)

对于 C 情况的 CNOT 门,如图 6.5 所示,其第二位是控制位,控制位置 1 时,目

标位翻转。用公式可表示为

$$|00\rangle \rightarrow |00\rangle, \quad |01\rangle \rightarrow |11\rangle, \quad |10\rangle \rightarrow |10\rangle, \quad |11\rangle \rightarrow |01\rangle$$

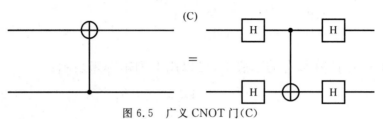

图 6.5　广义 CNOT 门(C)

用矩阵表示 C 情况的 CNOT 门为

$$CNOT(C) = \begin{bmatrix} 1 & 0 & 0 & 0 \\ 0 & 0 & 0 & 1 \\ 0 & 0 & 1 & 0 \\ 0 & 1 & 0 & 0 \end{bmatrix}$$

易于证明,C 情况的 CNOT 门可以分解成一个标准的 CNOT 门和 4 个 Hadamard 门,如图 6.5 所示,即有

$$CNOT(C) = H^{\otimes 2} CNOT(A) H^{\otimes 2}$$

最后是情况 D 的 CNOT 门,如图 6.6 所示,其第二位是控制位,控制位置 0 时,目标位翻转。可用公式表示为

$$|00\rangle \rightarrow |10\rangle, \quad |01\rangle \rightarrow |01\rangle, \quad |10\rangle \rightarrow |00\rangle, \quad |11\rangle \rightarrow |11\rangle$$

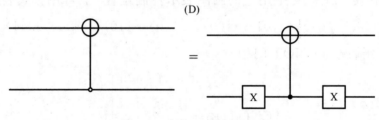

图 6.6　广义 CNOT 门(D)

用矩阵表示 D 情况的 CNOT 门为

$$CNOT(D) = \begin{bmatrix} 0 & 0 & 1 & 0 \\ 0 & 1 & 0 & 0 \\ 1 & 0 & 0 & 0 \\ 0 & 0 & 0 & 1 \end{bmatrix}$$

D 情况的 CNOT 门可以分解成一个 C 情况的 CNOT 门和两个非门 X,如图 6.6 所示。

四种情况的 CNOT 门,都具有 U 性和 H 性,因而也具有自逆性。

● 受控非门产生的纠缠

受控非门可以产生纠缠态,例如,只要 $\alpha \neq 0$ 和 $\beta \neq 0$,则状态

$$\mathrm{CNOT}(\alpha \mid 0\rangle + \beta \mid 1\rangle) \mid 0\rangle = \alpha \mid 00\rangle + \beta \mid 11\rangle$$

是不可分离的。

下面研究由受控非门产生著名的纠缠态——Bell 态。图 6.7 所示的 Bell 电路,一个 Hadamard 门之后连接 CNOT 门,输入为计算基态向量,即 $x, y \in \{0, 1\}$。首先 Hadamard 变换把量子比特变换为叠加态;然后该状态作为 CNOT 的控制输入,仅当控制位为 1 时,目标量子比特翻转。线路的输出状态称为 Bell 态(或 EPR 态),见表 6.2。

按图 6.7 的线路,人工制造了纠缠的 Bell 态 $|\beta_{xy}\rangle$,但 $|\beta_{xy}\rangle$ 不能被分离。然而,只要简单地将图 6.7 的线路按照从右向左的逆顺序运行,就可以得到其逆变换,获得分离的计算基态向量。这是因为,CNOT 门和 Hadamard 门都是自逆的。因此,纠缠的每个 Bell 态向量都可以变换到一个可分离的状态。

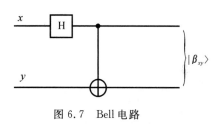

图 6.7　Bell 电路

表 6.2　Bell 态

输入 $|xy\rangle$	控制 Hx	输出 $|Hx, y \oplus Hx\rangle$
$\mid 00\rangle$	$\frac{1}{\sqrt{2}}(\mid 0\rangle + \mid 1\rangle)$	$\mid \beta_{00}\rangle = \frac{1}{\sqrt{2}}(\mid 00\rangle + \mid 11\rangle)$
$\mid 01\rangle$	$\frac{1}{\sqrt{2}}(\mid 0\rangle + \mid 1\rangle)$	$\mid \beta_{01}\rangle = \frac{1}{\sqrt{2}}(\mid 01\rangle + \mid 10\rangle)$
$\mid 10\rangle$	$\frac{1}{\sqrt{2}}(\mid 0\rangle - \mid 1\rangle)$	$\mid \beta_{10}\rangle = \frac{1}{\sqrt{2}}(\mid 00\rangle - \mid 11\rangle)$
$\mid 11\rangle$	$\frac{1}{\sqrt{2}}(\mid 0\rangle - \mid 1\rangle)$	$\mid \beta_{11}\rangle = \frac{1}{\sqrt{2}}(\mid 01\rangle - \mid 10\rangle)$

● 受控 U 门

如图 6.8 所示,双量子比特的受控 U(C-U) 门有两个输入量子比特:第一位是控制量子比特 c,第二位是目标量子比特 t。若 c 置 0,t 保持不变;若 c 置 1,则酉矩阵 U 作用到 t 上。可表示为

$$\mid c\rangle \mid t\rangle \rightarrow \mid c\rangle U^c \mid t\rangle$$

其中,设 $U = \begin{bmatrix} a & b \\ c & d \end{bmatrix}$。用式子表示 C-U 门为

$$| 00 \rangle \rightarrow | 00 \rangle, \quad | 01 \rangle \rightarrow | 01 \rangle, \quad | 10 \rangle \rightarrow | 1 \rangle \otimes U | 0 \rangle, \quad | 11 \rangle \rightarrow | 1 \rangle \otimes U | 1 \rangle$$

式中

$$U | 0 \rangle = \begin{bmatrix} a \\ c \end{bmatrix}, \quad U | 1 \rangle = \begin{bmatrix} b \\ d \end{bmatrix}$$

用矩阵表示 C-U 门为

$$C-U = \begin{bmatrix} 1 & 0 & 0 & 0 \\ 0 & 1 & 0 & 0 \\ 0 & 0 & a & b \\ 0 & 0 & c & d \end{bmatrix} = \begin{bmatrix} I & O \\ O & U \end{bmatrix}$$

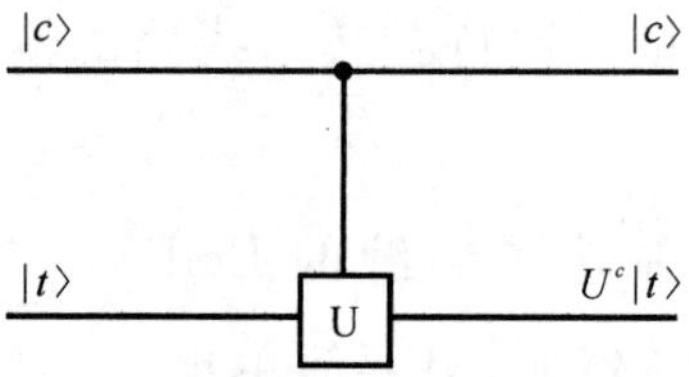

图 6.8 受控 U 门

受控非门可看作是一种简单的受控 U 门,即 $U = X$,如图 6.9 所示。式(6.11) 的 CNOT 也可表示为

$$CNOT = \begin{bmatrix} I & O \\ O & X \end{bmatrix}$$

另一种简单的受控 U 门是受控相移门,即 $U = R_z(\delta)$。受控相移门可表示为

$$CPHASE(\delta) = \begin{bmatrix} I & O \\ O & R_z(\delta) \end{bmatrix}$$

当 $\delta = \pi$ 时,就是受控 Z 门,即 $U = Z$,如图 6.10 所示。受控 Z 门可表示为

$$CMINUS = \begin{bmatrix} I & O \\ O & Z \end{bmatrix}$$

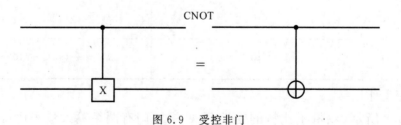

图 6.9 受控非门

利用 Pauli 阵和 H 阵之间的关系式——$HXH = Z, HZH = X$,易于证明受控 非门和受控 Z 门之间的关系为

$$CMINUS = (I \otimes H) \quad CNOT(I \otimes H)$$
$$CNOT = (I \otimes H) \quad CMINUS(I \otimes H)$$

图 6.11 表示了上面两个关系式。

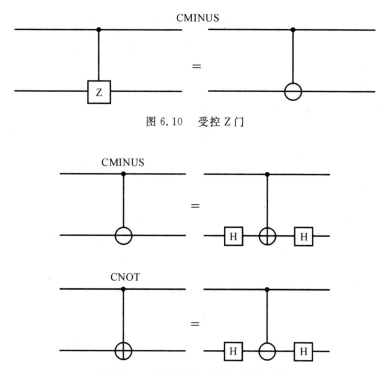

图 6.10　受控 Z 门

图 6.11　受控非门与受控 Z 门的变换

● 受控运算

前面研究的是双量子比特的受控 U 门，其中一位是控制位，一位是目标位，U 是 2×2 的酉矩阵。对于一般的 n 位量子比特系统，U 是 $2^n \times 2^n$ 的酉矩阵。设有单一的控制量子比特，当控制位置 0 时，则 n 位目标量子比特向量不受影响；当控制位置 1 时，则 U 作用到 n 位目标量子比特向量上，如图 6.12 所示。用式子表示受控运算 $C(U)$ 为

$$|c\rangle |\psi\rangle \rightarrow |c\rangle U^c |\psi\rangle$$

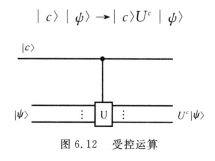

图 6.12　受控运算

更一般的情况，对于 n 位量子系统，U 是 $2^n \times 2^n$ 的酉矩阵，设有 k 位控制量子比特，则按下式定义受控运算 $C^k(U)$：

$$|x_1x_2\cdots x_k\rangle\,|\,\psi\rangle \rightarrow |x_1x_2\cdots x_k\rangle U^{x_1x_2\cdots x_k}\,|\,\psi\rangle$$

式中,U 的指数 $x_1x_2\cdots x_k$ 表示控制比特 $x_1,x_2,\cdots,x_k$ 的积,即当 k 位控制比特全为 1 时,算子 U 作用到 n 位目标量子比特向量 $|\,\psi\rangle$ 上;若非,则什么也不做。图 6.13 表示了一个 C^3 - U 的受控运算。

下面举几个例子。图 6.14 所示是量子 Toffoli 门,它有三个输入位:第一、二位是控制位,第三位是目标位。当两个控制位都置 1 时,目标位翻转;若非,则目标位不变。量子 Toffoli 门也称为 C^2-非门。用式子可表示为

$$|000\rangle \rightarrow |000\rangle, \quad |001\rangle \rightarrow |001\rangle, \quad |010\rangle \rightarrow |010\rangle, \quad |011\rangle \rightarrow |011\rangle$$

$$|100\rangle \rightarrow |100\rangle, \quad |101\rangle \rightarrow |101\rangle, \quad |110\rangle \rightarrow |111\rangle, \quad |111\rangle \rightarrow |110\rangle$$

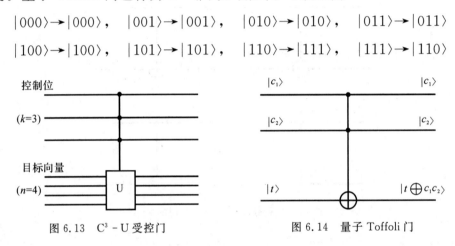

图 6.13 C^3 - U 受控门　　　　　图 6.14 量子 Toffoli 门

量子 Toffoli 门在计算基态为基底下的矩阵表示为

$$U = \begin{bmatrix} 1 & 0 & 0 & 0 & 0 & 0 & 0 & 0 \\ 0 & 1 & 0 & 0 & 0 & 0 & 0 & 0 \\ 0 & 0 & 1 & 0 & 0 & 0 & 0 & 0 \\ 0 & 0 & 0 & 1 & 0 & 0 & 0 & 0 \\ 0 & 0 & 0 & 0 & 1 & 0 & 0 & 0 \\ 0 & 0 & 0 & 0 & 0 & 1 & 0 & 0 \\ 0 & 0 & 0 & 0 & 0 & 0 & 0 & 1 \\ 0 & 0 & 0 & 0 & 0 & 0 & 1 & 0 \end{bmatrix}$$

量子 Toffoli 门具有 U 性和 H 性,因而也具有自逆性,它是可逆门。

图 6.15 所示是 Fredkin(受控交换,controlled swap)门,它有三个输入位:第一位是控制位,第二、三位则是目标位。当控制位置 1 时,目标位 $|t_1\rangle$、$|t_2\rangle$ 交换位置;若非,则目标位的位置不变。用式子可表示为

$$|000\rangle \rightarrow |000\rangle, \quad |001\rangle \rightarrow |001\rangle, \quad |010\rangle \rightarrow |010\rangle, \quad |011\rangle \rightarrow |011\rangle$$
$$|100\rangle \rightarrow |100\rangle, \quad |101\rangle \rightarrow |110\rangle, \quad |110\rangle \rightarrow |101\rangle, \quad |111\rangle \rightarrow |111\rangle$$

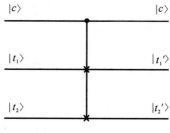

图 6.15　Fredkin 门

Fredkin 门在计算基态为基底下的矩阵表示为

$$U = \begin{bmatrix} 1 & 0 & 0 & 0 & 0 & 0 & 0 & 0 \\ 0 & 1 & 0 & 0 & 0 & 0 & 0 & 0 \\ 0 & 0 & 1 & 0 & 0 & 0 & 0 & 0 \\ 0 & 0 & 0 & 1 & 0 & 0 & 0 & 0 \\ 0 & 0 & 0 & 0 & 1 & 0 & 0 & 0 \\ 0 & 0 & 0 & 0 & 0 & 0 & 1 & 0 \\ 0 & 0 & 0 & 0 & 0 & 1 & 0 & 0 \\ 0 & 0 & 0 & 0 & 0 & 0 & 0 & 1 \end{bmatrix}$$

Fredkin 门具有 U 性和 H 性,因而也具有自逆性,它是可逆门。

上面提到的交换操作可由交换(swap)门来实现。交换门对换了两个量子比特的状态,用式子可表示为 $|00\rangle \rightarrow |00\rangle$, $|01\rangle \rightarrow |10\rangle$, $|10\rangle \rightarrow |01\rangle$, $|11\rangle \rightarrow |11\rangle$。交换门在计算基态为基底下的矩阵表示为

$$U = \begin{bmatrix} 1 & 0 & 0 & 0 \\ 0 & 0 & 1 & 0 \\ 0 & 1 & 0 & 0 \\ 0 & 0 & 0 & 1 \end{bmatrix}$$

交换门可以用 3 个受控非门来实现,如图 6.16 所示,图中还标注了线路有关处的量子比特。

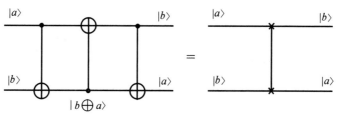

图 6.16　交换门的实现

最后我们给出一个约定:允许受控非门具有多个目标量子比特,如图 6.17 所示。当控制位置 1 时,由其控制的所有目标位翻转;否则没有任何变化。

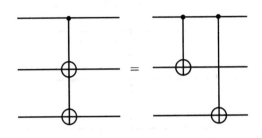

图 6.17　受控非门的约定

6.3　量　子　线　路

● 量子线路图的一些约定

实现量子计算的线路图模型称为量子线路,它是经典计算中数字电路的量子对应物。我们已经遇到了一些简单的量子线路图,其由连线和基本量子门组装而成。连线用于线路间传送信息;而量子门负责处理信息,把信息从一种形式转换为另一种。下面归纳一下量子信息文献中有关量子线路图的一些约定。

(1)线路图中单线承载单量子比特,双线承载单经典比特,标注 n 的线承载 n 位量子比特,如图 6.18 所示。

(2)信号流动和时间的方向从左到右。连线不一定对应物理上的接线,而可能是对应一段时间,或一个从空间的一处移动到另一处的物理粒子(如光子)。

(3)量子门实施酉变换,它必须从左(输入端)向右(输出端)读。常用的单量子门有 Hadamard 门、Pauli 门、相移门等等;常用的多量子门有可控非门、可控 Z 门、可控相移门、交换门、Toffoli 门、Fredkin 门等等。测量运算通常如图 6.19 所示。

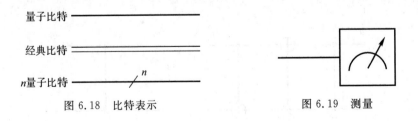

图 6.18　比特表示　　　　　　　　图 6.19　测量

(4)量子线路不允许出现回路(即从线路的一部分到另一部分的反馈),即量子线路是无环的(acyclic)。

(5)量子线路不允许汇合,即不允许扇入操作(FANIN),因为这个操作是不可逆的,即非酉性的。

(6)量子线路也不允许扇出操作(FANOUT),即不允许产生任一个量子比特的多个拷贝。下面的量子不可克隆原理将会指出量子比特无法复制的原因与例子。

(7)量子线路图的重要性自下向上递增,重要性的含义是:翻转一个量子比特,会使整个 n 位量子系统状态所对应的整数发生变化,变化越大,则该量子比特越重要。所以,最上方的线是重要性最大的线。

(8)酉矩阵的行从左到右,列从上到下,标为 $00\cdots0,00\cdots1$ 直到 $11\cdots1$。

● **量子不可克隆问题举例**

量子力学中的量子不可克隆原理指出,任意未知状态的量子不能被完全克隆,即无法实现对一个未知量子状态的精确复制,使复制状态与初始状态完全相同。下面举例说明之。

图 6.20 用经典受控非门复制了一个未知经典状态 $x\in\{0,1\}$。受控非门的输入为 $x,y=0$;输出结果则是 x,x,这就复制了 x。

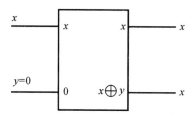

图 6.20　经典 CNOT 门复制 $\{0,1\}$

图 6.21 试图用量子受控非门复制一个未知量子状态 $|\psi\rangle=\alpha|0\rangle+\beta|1\rangle$。受控非门的控制位是 $|\psi\rangle$,目标位为 $|0\rangle$。受控非门的作用是当控制位量子比特为 1 时,把目标位量子比特翻转。因此,该线路输出结果是 $\alpha|00\rangle+\beta|11\rangle$。另外,对于一般状态 $|\psi\rangle=\alpha|0\rangle+\beta|1\rangle$,有

$$|\psi\rangle|\psi\rangle=\alpha^{2}|00\rangle+\alpha\beta|01\rangle+\alpha\beta|10\rangle+\beta^{2}|11\rangle$$

与 $\alpha|00\rangle+\beta|11\rangle$ 相比,可以看到,除非 $\alpha\beta=0$,否则该线路不能复制输入的量子状态 $|\psi\rangle$。对于 $\alpha\beta=0$,可以是 $(\alpha=1,\beta=0)$,这相当于 $|\psi\rangle=|0\rangle$;也可以是 $(\alpha=0,\beta=1)$,这相当于 $|\psi\rangle=|1\rangle$。此时,线路具有复制输入的能力。这说明用量子线路来复制编码为 $|0\rangle$ 和 $|1\rangle$ 的经典信息是可能的。但对于一般的 $\alpha\beta\neq0$ 的情况,

量子线路制作未知量子状态的拷贝就不可能。这种任意量子比特不能被复制的性质,称为不可克隆(non‐cloning)定理。

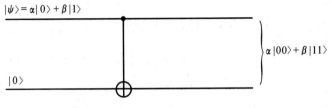

图 6.21 量子 CNOT 门复制量子状态

不可克隆定理是量子系统最基本的特征之一,它指出了不存在可以将任意状态 $|\psi\rangle|x\rangle$ 映射为 $|\psi\rangle|\psi\rangle$ 的酉变换。

量子不可克隆特性限制了在量子计算机程序设计中的可用资源,但它在量子密码学中却非常重要,因为无法复制未知的量子态恰恰是保障信息安全性的一个重要因素,我们将在第十七讲中专门研究它的应用。

第七讲　酉算子与通用量子门

7.1　引　言

实现各种量子算法的量子计算机是一个尺度为 n qubits 的多量子比特系统。在量子计算机上实现量子算法,必须有三个步骤:

(1) 在量子计算机上制备定义好初态 $|\psi_0\rangle$,称为基准态,例如 $|00\cdots0\rangle$;

(2) 操控量子计算机的状态函数,执行给定的酉变换 U,得到 $|\psi_f\rangle = U|\psi_0\rangle$;

(3) 在计算基态向量上进行标准测量,测量每个量子比特在 z 轴上的极化。

由此可见,量子计算机中对量子状态向量的运算有两类:酉算子和测量算子。本讲研究酉算子的实现问题。

量子计算机是一个尺度为 n qubits 的量子系统,其 2^n 维复状态向量为

$$|\psi\rangle = \sum_{i=0}^{2^n-1} c_i |i\rangle, \sum_{i=0}^{2^n-1} |c_i|^2 = 1$$

状态变换由 $2^n \times 2^n$ 的酉矩阵 U 来描述。可以证明,任意酉矩阵 U 总可以分解成作用于一个或两个量子比特之上的酉矩阵的乘积,这些酉矩阵对应于量子计算线路模型中的基本量子门。应当指出,酉矩阵的乘积仍是酉矩阵。

在经典计算中,经典逻辑门的一个小集合可以用来计算任意的布尔函数,这样的一个门集合对经典计算是完备的,称为一个通用集。例如,以下几组门是通用的:(AND,NOT),(OR,NOT),(AND,XOR)。前两组甚至可用 NAND 和 NOR 门来替代。

同样,在量子计算中,一组基本量子门的量子线路,可以任意精度近似任意的 $2^n \times 2^n$ 酉矩阵,这样的一个门集合称为一个通用集。用数学语言来说,一组基本量子门 S 作为量子计算的一个通用集是指,对任意酉算子 U,它总可以被分解为一系列酉算子 $U_L, U_{L-1}, \cdots, U_1$ 之积,这里 $U_k \in S(k=1,\cdots,L)$,而对于任意给定的 $\varepsilon >$

0,有 $\|U-U_L\cdots U_1\|\leqslant\varepsilon$。应当指出,通用集 S 不是唯一的。

下面证明,单量子比特门加上受控非门可成为量子计算的一个通用集。进一步说,可以用 Hadamard 门、相移门 S 和受控非门,以任意精度近似任意的酉矩阵。

7.2 量子计算通用集

要证明单量子比特门和受控非门是量子计算的通用集是比较复杂的,但证明过程有助于读者熟悉基本量子门的运算。

证明从低层到高层,分为四个步骤:

(1) 对于单量子比特的任意旋转 U,其受控 U 门运算可被分解成单量子比特门和受控非门;

(2) C^2-非门(Toffoli 门)可以由受控非门、受控 U 门和 Hadamard 门来实现;

(3) 任何高阶的 C^k-U 门($k>2$)都可以被分解成 Toffoli 门和受控 U 门;

(4) n qubits 量子计算机中任意的 $2^n\times 2^n$ 酉矩阵 $U^{(n)}$,都可以用 C^k-U 门来分解。

● 步骤 1 的证明

首先指出,对单量子比特任意操作的 2×2 酉矩阵可写为

$$U=\begin{bmatrix} e^{i(\delta-\alpha/2-\beta/2)}\cos\dfrac{\theta}{2} & -e^{i(\delta-\alpha/2+\beta/2)}\sin\dfrac{\theta}{2} \\[2mm] e^{i(\delta+\alpha/2-\beta/2)}\sin\dfrac{\theta}{2} & e^{i(\delta+\alpha/2+\beta/2)}\cos\dfrac{\theta}{2} \end{bmatrix} \tag{7.1}$$

式中,$\delta,\alpha,\beta,\theta$ 是实参数。式(7.1)的 U 是酉矩阵,因为它的行(列)向量是正交归一的。我们可以把该 U 分解为

$$U=e^{i\delta}R_z(\alpha)R_y(\theta)R_z(\beta) \tag{7.2}$$

式中,$e^{i\delta}$ 为整体相位因子,R_y、R_z 分别为绕 y 轴、z 轴的旋转矩阵,即

$$U=e^{i\delta}\begin{bmatrix} e^{-i\alpha/2} & 0 \\ 0 & e^{i\alpha/2} \end{bmatrix}\begin{bmatrix} \cos\dfrac{\theta}{2} & -\sin\dfrac{\theta}{2} \\[2mm] \sin\dfrac{\theta}{2} & \cos\dfrac{\theta}{2} \end{bmatrix}\begin{bmatrix} e^{-i\beta/2} & 0 \\ 0 & e^{i\beta/2} \end{bmatrix} \tag{7.3}$$

式(7.2)或式(7.3)的分解称为单量子比特上任意 U 门的 $z-y$ 分解。

其次进一步指出,存在单量子比特上的酉矩阵 A,B,C,使得 $ABC=I$,且 $U=e^{i\delta}AXBXC$。

事实上,令

$$A = R_z(\alpha) R_y\left(\frac{\theta}{2}\right)$$
$$B = R_y\left(-\frac{\theta}{2}\right) R_z\left(-\frac{\alpha+\beta}{2}\right) \left.\right\} \tag{7.4}$$
$$C = R_z\left(\frac{\beta-\alpha}{2}\right)$$

于是 $ABC = R_z(\alpha) R_y\left(\frac{\theta}{2}\right) R_y\left(-\frac{\theta}{2}\right) R_z\left(-\frac{\alpha+\beta}{2}\right) R_z\left(\frac{\beta-\alpha}{2}\right) = I$

再注意到 $X^2 = I, X R_y(\xi) X = R_y(-\xi), X R_z(\xi) X = R_z(-\xi)$,于是有

$$XBX = X R_y\left(-\frac{\theta}{2}\right) X X R_z\left(-\frac{\alpha+\beta}{2}\right) X = R_y\left(\frac{\theta}{2}\right) R_z\left(\frac{\alpha+\beta}{2}\right)$$

可得 $AXBXC = R_z(\alpha) R_y\left(\frac{\theta}{2}\right) R_y\left(\frac{\theta}{2}\right) R_z\left(\frac{\alpha+\beta}{2}\right) R_z\left(\frac{\beta-\alpha}{2}\right) = R_z(\alpha) R_y(\theta) R_z(\beta)$

因此,$U = e^{i\delta} AXBXC$。

图 7.1 给出了实施受控 U 门的线路图。这里,忽略了无关紧要的整体相位因子 $e^{i\delta}$。

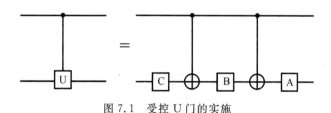

图 7.1 受控 U 门的实施

以上步骤 1 的证明,这是构造受控的多量子比特酉运算的关键一步。

● 步骤 2 的证明

图 7.2 给出了实施 C^2-非门(Toffoli 门)的等效线路图,图中,$V = \begin{bmatrix} 1 & 0 \\ 0 & i \end{bmatrix}$ 和

$V^{\dagger} = \begin{bmatrix} 1 & 0 \\ 0 & -i \end{bmatrix}$ 都是酉矩阵。由此可知,Toffoli 门可由受控非门、受控 U 门和 Hadamard 门来实施。

我们要证明该等效线路与 Toffoli 门的真值表相同,见表 7.1 和表 7.2。在图 7.2 中,$|c_1\rangle$ 和 $|c_2\rangle$ 分别是第一个和第二个控制比特位,而 $|t\rangle$ 是目标比特位。下面我们检查等效线路图的三个输出位。

很明显,第一个输出位就是 $|c_1\rangle$。对于第二个输出位,当 $c_1 = 0$ 时,它就是

$|c_2\rangle$；当 $c_1=1$ 时，第二个控制位 $|c_2\rangle$ 经过两次受控非门而成为输出位，它还是 $|c_2\rangle$。对于第三个输出位，当 $c_1=0$，$c_2=0$ 时，它就是 $|t\rangle$；当 $c_1=0$，$c_2=1$，输出位为 $(HV^\dagger VH)|t\rangle=|t\rangle$；当 $c_1=1$，$c_2=0$ 时，输出位为 $(HVV^\dagger H)|t\rangle=|t\rangle$；当 $c_1=1$，$c_2=1$时，输出位为 $(HVVH)|t\rangle=(HZH)|t\rangle=X|t\rangle$。结论是等效线路的第三个输出位为 $|t\oplus c_1 c_2\rangle$。

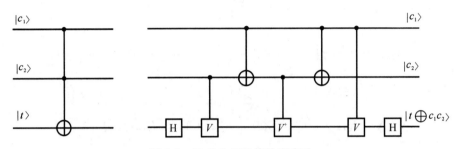

图 7.2　Toffoli 门的等效线路图

按照同样方法，读者可以证明，对于任意 2×2 的酉矩阵，C^2-U 可以用图 7.3 中的等效线路来模拟，其中 $V^2=U$。

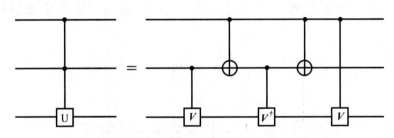

图 7.3　C^2-U 门的等效线路图

表 7.1　Toffoli 门的真值表					
输入			输出		
$\|c_1 c_2 t\rangle$			$\|c_1,c_2,t\oplus c_1 c_2\rangle$		
0	0	0	0	0	0
0	0	1	0	0	1
0	1	0	0	1	0
0	1	1	0	1	1
1	0	0	1	0	0
1	0	1	1	0	1
1	1	0	1	1	0
1	1	1	1	1	0

表 7.2　等效线路的真值表					
输入			输出		
$\|c_1 c_2 t\rangle$			$\|c_1,c_2,t\oplus c_1 c_2\rangle$		
0	0	0	0	0	0
0	0	1	0	0	1
0	1	0	0	1	0
0	1	1	0	1	1
1	0	0	1	0	0
1	0	1	1	0	1
1	1	0	1	1	$X\|0\rangle$
1	1	1	1	1	$X\|1\rangle$

● 步骤 3 的证明

现在要证明 Toffoli 门对构造 C^k-U 门（$k>2$）的作用。我们举 $k=4$ 的情况，图 7.4 给出了一个实施 C^4-U 门的线路图。

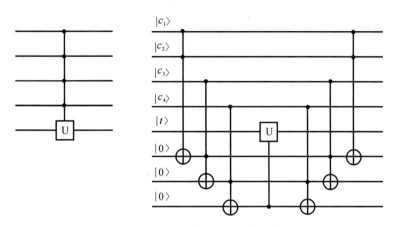

图 7.4 实施 C^4-U 门的线路图

图 7.4 中，$|c_1\rangle$、$|c_2\rangle$、$|c_3\rangle$ 和 $|c_4\rangle$ 是 4 个控制量子比特位，$|t\rangle$ 是目标量子比特位。线路中增加了 3 个辅助量子比特位，其初始态均置为 $|0\rangle$。总的思路是，将控制位 c_1、c_2、c_3 和 c_4 以可逆方式分步"相与"，得到乘积 $c_1c_2c_3c_4$。为此，线路中采用了前面 3 个 Toffoli 门：第一个 Toffoli 门把 c_1 和 c_2"相与"，把第一个辅助量子比特变为状态 $|c_1c_2\rangle$；第二个 Toffoli 门把 c_3 和 c_1c_2"相与"，把第二个辅助量子比特变为状态 $|c_1c_2c_3\rangle$；第三个 Toffoli 门则把第三个辅助量子比特变为状态 $|c_1c_2c_3c_4\rangle$。当且仅当所有控制位为 1 时，第三个辅助位状态才为 $|1\rangle$，从而线路完成所需的 C^4-U 运算。根据可逆性，后面 3 个 Toffoli 门将 3 个辅助量子比特复原成其初始态 $|0\rangle$。

应当指出，实施 C^k-U 门的等效线路不是唯一的。事实上，可以不用辅助量子比特，通过推广图 7.3 的线路也可实现 C^k-U 门，但需付出一定的代价。

● 步骤 4 的证明

为证明单量子比特门和受控非门是量子计算的通用集，在最上层要证明 n qubits 量子系统上任意酉矩阵都可以用 C^k-U 来分解。为此，引入酉矩阵的两级酉门（two-level unitary gate）的分解方法。Barenco 等给出了分解公式：对 n qubits 量子计算机上任意 $2^n \times 2^n$ 酉矩阵 $U^{(n)}$，可以分解成至多 $2^{n-1}(2^n-1)$ 个两级酉矩阵的乘积，即

$$U^{(n)} = \prod_{i=1}^{2^n-1} \prod_{j=0}^{i-1} V_{ij}$$

式中,$2^n \times 2^n$ 的两级酉矩阵 V_{ij} 是使计算基态 $|i\rangle$ 和 $|j\rangle$ 按照一个 2×2 酉矩阵 $\tilde{V}_{ij}$ 进行旋转。当 V_{ij} 作用于一般状态向量 $|\psi\rangle$ 上时,它仅作用于 $|\psi\rangle$ 的基态 $|i\rangle$ 和 $|j\rangle$ 上的两个分量。

在量子计算机上实现 V_{ij} 的思路是,把 V_{ij} 对基态 $|i\rangle$ 和 $|j\rangle$ 的运算简化为对一个单量子比特的受控 $\tilde{V}_{ij}$ 运算。为此,我们采用连接 i 和 j 的 Gray 码方法。Gray 码是一组二进制数的序列,它以 i 为起始,以 j 为结尾,其中相邻序列之间只有一位不同。例如,对于 $i = 00111010$,$j = 00100111$,一个可能的 Gray 码是

$$
\begin{aligned}
i &= 00111010 \\
00111011 &= i' \\
00111111 & \\
00110111 &= i_f \\
j &= 00100111
\end{aligned}
\tag{7.5}
$$

Gray 码的每一步都可以通过一个广义 C^{n-1}-非门在量子计算机上执行。应当指出,对标准 C^{n-1}-非门,当且仅当控制状态 $|i_{n-2}\cdots i_1 i_0\rangle$ 为 $|1\cdots 11\rangle$ 时,才将目标量子位翻转;而对广义 C^{n-1}-非门,当且仅当 $n-1$ 个控制量子位处于一个确定的状态 $|i_{n-2}\cdots i_1 i_0\rangle$ 时,才将目标量子位翻转。同样,对广义 C^{n-1}-U 门,当且仅当 $n-1$ 个控制量子位处于一个确定的状态 $|i_{n-2}\cdots i_1 i_0\rangle$ 时,U 才作用到目标量子位上。

图 7.5 给出了对基态 $|i\rangle$ 和 $|j\rangle$ 实施矩阵 $\tilde{V}_{ij}$ 运算的量子线路图。图中,空心和实心圆分别表示置位的控制量子比特位为 0 和 1。在线路图上的操作分三步:

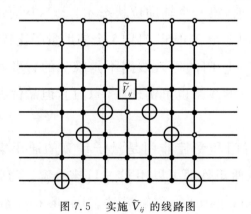

图 7.5　实施 $\tilde{V}_{ij}$ 的线路图

(1)一系列状态变换。自左至右按照式(7.5)的 Gray 码方法,实现一系列的状态变换。例如,考虑 Gray 码式(7.5)的第一行 $i = 00111010$ 变换为第二行 $i' = 00111011$,这里,前 7 位不变,最后一位翻转。用广义 C^7-非门来实现,仅当前 7 位

量子比特为 $|0011101\rangle$ 时,才将最后一个量子比特的状态翻转。依此类推,按式(7.5)一步步地进行状态变换,直到倒数第二行 i_f 与最后一行的 j 只差一位。

(2)实施受控 $\widetilde{V}_{ij}$ 运算。以 i_f 与 j 的不同位为目标位,以其他所有的相同位为控制位,实施 C^7 - $\widetilde{V}_{ij}$ 运算。

(3)还原。通过逆操作,还原第一步的运算,使态 $|i_f\rangle$ 回到态 $|i\rangle$。

再举一个 $n=3$ 的例子。任意 $U^{(3)}$ 的一个两级酉矩阵为

$$
V_{ij} = \begin{bmatrix}
a & 0 & 0 & 0 & 0 & 0 & 0 & c \\
0 & 1 & 0 & 0 & 0 & 0 & 0 & 0 \\
0 & 0 & 1 & 0 & 0 & 0 & 0 & 0 \\
0 & 0 & 0 & 1 & 0 & 0 & 0 & 0 \\
0 & 0 & 0 & 0 & 1 & 0 & 0 & 0 \\
0 & 0 & 0 & 0 & 0 & 1 & 0 & 0 \\
0 & 0 & 0 & 0 & 0 & 0 & 1 & 0 \\
b & 0 & 0 & 0 & 0 & 0 & 0 & d
\end{bmatrix}
$$

式中,a、b、c 和 d 是使得 $\widetilde{V}_{ij} = \begin{bmatrix} a & c \\ b & d \end{bmatrix}$ 为酉矩阵的任意复数,$|j\rangle = |000\rangle$,$|i\rangle = |111\rangle$。可列出连接 000 和 111 的 Gray 码:

$$
\begin{aligned}
j = 0 \quad & 0 \quad 0 \\
0 \quad & 0 \quad 1 \\
0 \quad & 1 \quad 1 \\
i = 1 \quad & 1 \quad 1
\end{aligned}
\tag{7.6}
$$

实施 $\widetilde{V}_{ij}$ 运算的量子线路图如图 7.6 所示。这里,前两个门把状态 $|000\rangle$ 逐步变换到 $|011\rangle$;接着 C^2 - $\widetilde{V}_{ij}$ 以 $|011\rangle$ 和状态 $|111\rangle$ 的不同位(第一量子位)为目标位,以它们的相同位(第二、三量子位)$|11\rangle$ 为控制位,实施 $\widetilde{V}_{ij}$ 运算;最后还原状态,使 $|011\rangle$ 回到 $|000\rangle$。

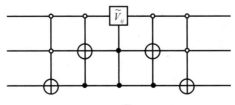

图 7.6 实施 $\widetilde{V}_{ij}$ 的线路图

应当指出,一般而言 Barenco 分解方法的效率不高。为了执行一般的、具有 n qubits 的酉变换 U,其所需的基本量子门的数量随 n 呈指数增加。从实用角度说,应当针对具体应用中酉矩阵 U 的特殊性,寻找适当的量子线路,使其基本量子门的数量仅随 n 呈多项式增加。当然这是很困难的课题。下面介绍酉矩阵的另一种分解方法。

7.3 酉矩阵的 CS（正余弦）分解

n qubits 量子计算机一般的 $N \times N$ 酉矩阵 $U(N = 2^n)$,可采用 CS（正余弦）分解法,将 U 分解成一系列基本酉矩阵的乘积。CS 分解定理指出,U 可以写成

$$U = \begin{bmatrix} L_0 & 0 \\ 0 & L_1 \end{bmatrix} D \begin{bmatrix} R_0 & 0 \\ 0 & R_1 \end{bmatrix} \tag{7.7}$$

式中,L_0、L_1、R_0 和 R_1 是 $\frac{N}{2} \times \frac{N}{2}$ 的酉矩阵,而

$$D = \begin{bmatrix} D_C & -D_S \\ D_S & D_C \end{bmatrix} \tag{7.8}$$

其中,D_C 和 D_S 是具有适当角度 ϕ_i 的对角矩阵:

$$\left. \begin{aligned} D_C &= \mathrm{diag}(\cos\phi_1, \cos\phi_2, \cdots, \cos\phi_{\frac{N}{2}}) \\ D_S &= \mathrm{diag}(\sin\phi_1, \sin\phi_2, \cdots, \sin\phi_{\frac{N}{2}}) \end{aligned} \right\} \tag{7.9}$$

式(7.7) 可写成

$$U = \begin{bmatrix} L_0 D_C R_0 & -L_0 D_S R_1 \\ L_1 D_S R_0 & L_1 D_C R_1 \end{bmatrix}$$

对于 $N \times N (N = 2^n)$ 的酉矩阵 U,CS 分解可以重复进行,直到分解成 $O(2^n)$ 个（受控）2×2 酉矩阵。由此可知,CS 分解的效率也不高。

下面举一个简例,研究 4×4 酉矩阵的 CS 分解。图 7.7 给出了实现式(7.7)CS 分解的量子线路,图 7.8 则给出了矩阵 D 分解成基本量子门的量子线路。

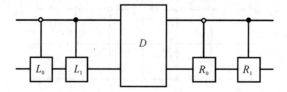

图 7.7 CS 分解的线路图

现在证明图 7.8 的量子线路实现了酉矩阵 D。按式(7.8) 和式(7.9)，可得矩阵 D 为

$$D = \begin{bmatrix} \cos\phi_1 & 0 & -\sin\phi_1 & 0 \\ 0 & \cos\phi_2 & 0 & -\sin\phi_2 \\ \sin\phi_1 & 0 & \cos\phi_1 & 0 \\ 0 & \sin\phi_2 & 0 & \cos\phi_2 \end{bmatrix} \tag{7.10}$$

图 7.8 的线路执行如下变换：

$$(\mathrm{CNOT})_C (R_y(\theta_1) \otimes I)\, (\mathrm{CNOT})_C (R_y(\theta_0) \otimes I) \tag{7.11}$$

式中，$(\mathrm{CNOT})_C$ 是图 6.5 中 C 情况的广义受控非门：

$$(\mathrm{CNOT})_C = \begin{bmatrix} 1 & 0 & 0 & 0 \\ 0 & 0 & 0 & 1 \\ 0 & 0 & 1 & 0 \\ 0 & 1 & 0 & 0 \end{bmatrix}$$

而

$$R_y(\theta_i) = \begin{bmatrix} \cos\dfrac{\theta_i}{2} & -\sin\dfrac{\theta_i}{2} \\ \sin\dfrac{\theta_i}{2} & \cos\dfrac{\theta_i}{2} \end{bmatrix}$$

其中，$\theta_i = \theta_0$ 或 θ_1。可得

$$R_y(\theta_i) \otimes I = \begin{bmatrix} \cos\dfrac{\theta_i}{2} & 0 & -\sin\dfrac{\theta_i}{2} & 0 \\ 0 & \cos\dfrac{\theta_i}{2} & 0 & -\sin\dfrac{\theta_i}{2} \\ \sin\dfrac{\theta_i}{2} & 0 & \cos\dfrac{\theta_i}{2} & 0 \\ 0 & \sin\dfrac{\theta_i}{2} & 0 & \cos\dfrac{\theta_i}{2} \end{bmatrix}$$

令 $\theta_0 = \phi_1 + \phi_2$，$\theta_1 = \phi_1 - \phi_2$，读者可证明式(7.10) 和式(7.11) 是相等的。

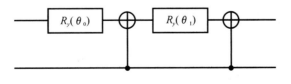

图 7.8　D 分解的线路图

7.4 酉算子的误差分析

● 离散通用集

量子计算酉运算的集合是连续的,即 n qubits 的酉空间中的酉变换是连续的。我们已经证明,单量子比特门和受控非门一起构成了量子计算的一个通用集。这是一个连续的通用集,因为其中的基本量子门的集合是连续的。例如,相移门 $R_z(\delta)$,δ 是实数,相移门构成了一个连续集合。一个具有有限资源的量子计算机,只能对量子状态进行有限精度的运算,加上噪声因素,因此,我们可以用离散的通用集来近似,并且可以达到任意高的精度。

目前在量子计算机中通常由 Hadamard 门、相移门 $S=R_z\left(\dfrac{\pi}{4}\right)$ 和受控非门作为一个离散的通用集。Nielsen 等证明,利用 Hadamard 门和 S 门,通过 $O\left(\log c\,\dfrac{1}{\varepsilon}\right)$ 步,可以以任意精度 ε 近似地使量子比特在 Bloch 球面上任意旋转,这里常数 c 约为 2。

下面我们对不准确的酉算子进行误差分析。

● 酉算子的误差分析(对状态输出测量的影响)

量子系统酉空间上的酉运算是连续的,但是面临有限资源的量子计算机,只能采用离散的通用集,再加上环境噪声等因素,量子计算机上的酉算子存在误差。

设 U 和 V 分别为期望实现的和实际实现的酉算子,将用 V 近似 U 的酉变换误差定义为

$$E(U,V)=\max_{|\psi\rangle}\|(U-V)|\psi\rangle\| \tag{7.12}$$

式中,最大化运算取遍状态空间中所有的归一化量子状态 $|\psi\rangle$。

我们研究近似酉算子对状态输出测量的影响。对任意状态 $|\psi\rangle$,在状态 $V|\psi\rangle$ 上进行测量,可以给出在状态 $U|\psi\rangle$ 上测量的近似的测量统计值。令 M 是投影测量算子,P_U 和 P_V 分别是酉运算 U 和 V 作用所获得的相应输出结果的概率,则

$$|P_U-P_V|=|\langle\psi|U^\dagger MU|\psi\rangle-\langle\psi|V^\dagger MV|\psi\rangle| \tag{7.13}$$

令 $|\Delta\rangle=(U-V)|\psi\rangle$,利用简单的代数计算、三角不等式和 Cauchy - Schwarz 不等式,式(7.13)变为

$$|P_U-P_V|=|\langle\psi|U^\dagger M|\Delta\rangle+\langle\Delta|MV|\psi\rangle|\leqslant|\langle\psi|U^\dagger M|\Delta\rangle|+|\langle\Delta|MV|\psi\rangle|\leqslant$$

$$\||\Delta\rangle\|+\||\Delta\rangle\|\leqslant2E(U,V) \tag{7.14}$$

上述不等式定量地表明,当酉算子误差 $E(U,V)$ 很小时,测量输出结果的概率误差也很小。

如果用一个不精确序列的酉算子 $V_1,V_2,\cdots,V_m$ 来近似一个期望序列的酉算子 $U_1,U_2,\cdots,U_m$,可以证明,整个不精确酉算子序列所引起的误差最多是单个酉算子误差之和,即

$$E(U_mU_{m-1}\cdots U_1,V_mV_{m-1}\cdots V_1)\leqslant \sum_{j=1}^{m}E(U_j,V_j) \qquad (7.15)$$

这里先证明 $m=2$ 的情况。设 $|\psi_0\rangle$ 是使误差度量最大化的归一化状态向量,即

$$E(U_2U_1,V_2V_1)=\max_{|\psi\rangle}\parallel(U_2U_1-V_2V_1)|\psi\rangle\parallel=\parallel(U_2U_1-V_2V_1)|\psi_0\rangle\parallel$$

$$(7.16)$$

于是 $\qquad E(U_2U_1,V_2V_1)=\parallel(U_2U_1-V_2U_1+V_2U_1-V_2V_1)|\psi_0\rangle\parallel=$
$$\parallel(U_2-V_2)U_1|\psi_0\rangle+V_2(U_1-V_1)|\psi_0\rangle\parallel$$

由三角不等式,上式变为

$$E(U_2U_1,V_2V_1)\leqslant\parallel(U_2-V_2)U_1|\psi_0\rangle\parallel+\parallel V_2(U_1-V_1)|\psi_0\rangle\parallel \qquad (7.17)$$

上述不等式右端第一项中,$U_1|\psi_0\rangle$ 未必是使 $\parallel(U_2-V_2)|\psi\rangle\parallel$ 最大化的状态向量;对于右端第二项,则有

$$\parallel V_2(U_1-V_1)|\psi_0\rangle\parallel\leqslant\parallel V_2\parallel\cdot\parallel(U_1-V_1)|\psi_0\rangle\parallel$$

其中,$\parallel V_2\parallel=1$,$|\psi_0\rangle$ 未必是使 $\parallel(U_1-V_1)|\psi\rangle\parallel$ 最大化的状态向量。因此式(7.17)变为

$$E(U_2U_1,V_2V_1)\leqslant E(U_2,V_2)+E(U_1,V_1) \qquad (7.18)$$

对 m 的一般情况,可由数学归纳法证明式(7.15)。

● 酉算子的误差分析(对状态的影响)

以上分析比较理论化,难以计算出误差度量的最大化值。以下给出比较实际的误差分析方法。

任何量子计算都是将一系列酉算子作用到某个初态:

$$|\psi_n\rangle=\prod_{i=1}^{n}U_i|\psi_0\rangle$$

在量子计算机的实际操作中,实施的是具有误差的酉算子 V_i。初态 $|\psi_0\rangle$ 在 U_i、$V_i(i=1,\cdots,n)$ 作用下变换为终态 $|\psi_n\rangle$、$|\tilde{\psi}_n\rangle$ 的流程图如图7.9所示。

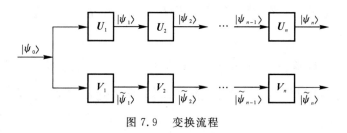

图 7.9　变换流程

现设

$$| E_i \rangle \equiv | \psi_i \rangle - V_i | \psi_{i-1} \rangle = (U_i - V_i) | \psi_{i-1} \rangle$$

$$| \widetilde{E}_i \rangle \equiv | \psi_i \rangle - | \tilde{\psi}_i \rangle = U_i | \psi_{i-1} \rangle - V_i | \tilde{\psi}_{i-1} \rangle$$

由于

$$| \widetilde{E}_i \rangle = U_i | \psi_{i-1} \rangle - V_i | \psi_{i-1} \rangle + V_i | \psi_{i-1} \rangle - V_i | \tilde{\psi}_{i-1} \rangle =$$
$$(U_i - V_i) | \psi_{i-1} \rangle + V_i (| \psi_{i-1} \rangle - | \tilde{\psi}_{i-1} \rangle)$$

可得关于 $| \widetilde{E}_i \rangle$ 的差分方程：

$$| \widetilde{E}_i \rangle = | E_i \rangle + V_i | \widetilde{E}_{i-1} \rangle \tag{7.19}$$

初始值 $| \widetilde{E}_0 \rangle = 0$。差分方程式(7.19)的解为

$$\begin{cases} | \widetilde{E}_1 \rangle = | E_1 \rangle + V_1 | \widetilde{E}_0 \rangle = | E_1 \rangle \\ | \widetilde{E}_2 \rangle = | E_2 \rangle + V_2 | \widetilde{E}_1 \rangle = | E_2 \rangle + V_2 | E_1 \rangle \\ | \widetilde{E}_3 \rangle = | E_3 \rangle + V_3 | \widetilde{E}_2 \rangle = | E_3 \rangle + V_3 | E_2 \rangle + V_3 V_2 | E_1 \rangle \\ \qquad\qquad\qquad \cdots\cdots \\ | \widetilde{E}_n \rangle = | E_n \rangle + V_n | \widetilde{E}_{n-1} \rangle = | E_n \rangle + V_n | E_{n-1} \rangle + \\ \qquad V_n V_{n-1} | E_{n-2} \rangle + \cdots + V_n V_{n-1} \cdots V_2 | E_1 \rangle \end{cases}$$

于是，根据三角不等式的推论，以及 $V_i (i=1, \cdots, n)$ 为保模的酉算子的假设，有

$$\| \, | \psi_n \rangle - | \tilde{\psi}_n \rangle \| \leqslant \| \, | E_n \rangle \| + \| \, | E_{n-1} \rangle \| + \cdots + \| \, | E_1 \rangle \| \tag{7.20}$$

误差向量 $| E_i \rangle$ 的欧氏范数有如下限制：

$$\| \, | E_i \rangle \| = \| (U_i - V_i) | \psi_{i-1} \rangle \| \leqslant \| U_i - V_i \|_{\sup}$$

式中，$\| U_i - V_i \|_{\sup}$ 是算子 $(U_i - V_i)$ 的上界，也就是其特征值的模的最大值。假设对每一步酉运算的误差都是一致有界的，即

$$\| U_i - V_i \|_{\sup} < \varepsilon$$

因此，用一系列具有误差的酉算子 V_i 代替一系列期望的酉算子 U_i 后，其终态 $| \psi_n \rangle$ 的误差为

$$\| \, | \psi_n \rangle - | \tilde{\psi}_n \rangle \| < n\varepsilon \tag{7.21}$$

可见，误差的累积最多随量子计算机的尺度 n 呈线性增加。

量子计算的最后一步是在一个计算基态上进行投影测量,其输出结果为 k 的概率是 $p_k = |\langle k \mid \psi_n \rangle|^2$。如果存在酉算子的误差,则其输出测量的概率变为 $\tilde{p}_k = |\langle k \mid \tilde{\psi}_n \rangle|^2$。可以证明

$$\sum_k |p_k - \tilde{p}_k| \leqslant 2 \| \mid \psi_n \rangle - \mid \tilde{\psi}_n \rangle \| \tag{7.22}$$

式(7.22)指出,当酉算子误差很小,从而引起的状态误差也很小时,其输出结果的概率误差也很小。

第八讲　量子计算中的一些其他问题

实现量子算法有三个操作:初始状态的制备,中间状态的酉变换和结果状态的输出测量。第七讲我们研究了酉算子的实现与误差分析,本讲我们将研究量子测量和初态制备问题。本讲还将研究量子函数赋值和量子黑盒(oracle)等问题。

8.1　量　子　测　量

量子测量不仅是量子计算机中三大量子操作之一,也是量子计算中应用量子力学理论的三大基本概念(叠加、纠缠和测量)之一。第五讲中已给出了量子测量的一般原理,但比较抽象,下面再作些说明。

● 量子测量的一些说明

(1)量子系统是一个只能间接和不完全测量的系统,其状态不完全可测。

我们知道,量子系统的状态空间是 Hilbert 空间(可理解为酉空间)。从静态来说,量子系统的状态是酉空间上的一个单位向量;从动态来说,封闭量子系统的状态演化服从薛定谔方程。另外,量子系统也是一个概率模型,系统可观测的出现结果及出现结果概率属于基本的概率分布。量子系统可能出现的结果数决定了状态空间的维数。从外部不能直接测量得到状态向量的各分量(概率幅),而从理论上说,只能间接测量得到概率幅的模二次方(概率)。

(2)量子系统的测量是一个破坏性的过程,测量改变了系统的状态,使系统的状态转变到与测量结果相一致的特定状态。

事实上,要对系统进行测量,系统必须与外界交互,"测量"在量子系统与宏观世界之间扮演了界面的角色。对一般物理系统,测量一般不影响被测系统的状态,即使有影响,也可以通过设计测量方式,使测量影响忽略不计。但对于由亚原子这样的微观粒子组成的量子系统,与宏观外界的交互作用会扰乱系统本身,实施测量势必影响到被测系统的状态,导致状态发生转变,因此,测量一般被视为一个不可逆运算。至于进一步探究这一问题的原因,已不是本书研究的范畴了。

(3)如何理解物理学上把 Hermite 算子称为可观测量。

量子系统中的可观测量是指可以被测量到的系统的属性。当外界对量子系统进行测量时,首先根据测量方法,在状态空间中选择一个观测基底。然后将状态向量投影至有关基向量上,测量可能出现的结果。

以上过程从数学上说,就是通过一个合适的测量算子来完成的。对正交投影测量法来说,这个测量算子就是合适的 Hermite 算子。Hermite 算子对于量子测量问题,有一系列优点:

(1)Hermite 算子的特征值为实数,正符合其相应的可观测量是实数这一应用需求;

(2)Hermite 算子的特征向量集组成一个正交归一基底,它作为观测基底,不仅便于状态向量在各基底向量上投影的坐标值计算,而且也满足概率模型的概率和为 1 的要求。

下面以单量子比特系统的测量为例,作进一步的解释。

● 单量子比特系统的测量

单量子比特系统的状态向量为 $|\psi\rangle = \alpha|0\rangle + \beta|1\rangle$,它可表示为 Bloch 球面上的一个点(见图 6.1)。要对系统进行测量,我们要首先确定测量方向,例如选择沿 Bloch 球垂直方向(z 轴)测量,由图 6.1 知,可以选取 $\{|0\rangle, |1\rangle\}$ 为测量基底。相应的 Hermite 测量算子为 Pauli Z 算子:

$$Z = \begin{bmatrix} 1 & 0 \\ 0 & -1 \end{bmatrix}$$

其特征值为 $\{1, -1\}$,对应的特征向量集为 $\{|0\rangle, |1\rangle\}$。Z 的谱分解为

$$Z = P_0 - P_1 = |0\rangle\langle 0| - |1\rangle\langle 1|$$

测量之前系统的状态向量 $|\psi\rangle = \alpha|0\rangle + \beta|1\rangle$,测量获得结果为 0 或 1 的概率分别为

$$p(0) = \langle\psi|P_0^\dagger P_0|\psi\rangle = \langle\psi|P_0|\psi\rangle = |\alpha|^2$$

$$p(1) = \langle\psi|P_1^\dagger P_1|\psi\rangle = \langle\psi|P_1|\psi\rangle = |\beta|^2$$

测量获得结果为 0 或 1 后,系统的状态向量分别为

$$\frac{P_0|\psi\rangle}{\sqrt{\langle\psi|P_0|\psi\rangle}} = |0\rangle, \qquad \frac{P_1|\psi\rangle}{\sqrt{\langle\psi|P_1|\psi\rangle}} = |1\rangle$$

现在沿 Bloch 球水平方向（x 轴）测量，由图 6.1 知，可以选取 $\{|+\rangle, |-\rangle\}$ 为测量基底，其中

$$|+\rangle = H|0\rangle = \frac{1}{\sqrt{2}}(|0\rangle + |1\rangle), \quad |-\rangle = H|1\rangle = \frac{1}{\sqrt{2}}(|0\rangle - |1\rangle)$$

$$|0\rangle = H|+\rangle = \frac{1}{\sqrt{2}}(|+\rangle + |-\rangle), \quad |1\rangle = H|-\rangle = \frac{1}{\sqrt{2}}(|+\rangle - |-\rangle)$$

相应的 Hermite 测量算子为 Pauli X 算子：

$$X = \begin{bmatrix} 0 & 1 \\ 1 & 0 \end{bmatrix}$$

其特征值为 $\{1, -1\}$，对应的特征向量集为 $\{|+\rangle, |-\rangle\}$。X 的谱分解为

$$X = P_+ - P_- = |+\rangle\langle+| - |-\rangle\langle-|$$

测量之前系统的状态向量 $|\psi\rangle = \frac{\alpha+\beta}{\sqrt{2}}|+\rangle + \frac{\alpha-\beta}{\sqrt{2}}|-\rangle$，测量获得结果为 + 或 - 的概率分别为

$$p(+) = \langle\psi|P_+^\dagger P_+|\psi\rangle = \langle\psi|P_+|\psi\rangle = \frac{|\alpha+\beta|^2}{2}$$

$$p(-) = \langle\psi|P_-^\dagger P_-|\psi\rangle = \langle\psi|P_-|\psi\rangle = \frac{|\alpha-\beta|^2}{2}$$

测量获得结果为 + 或 - 后，系统的状态向量分别为

$$\frac{P_+|\psi\rangle}{\sqrt{\langle\psi|P_+|\psi\rangle}} = |+\rangle, \quad \frac{P_-|\psi\rangle}{\sqrt{\langle\psi|P_-|\psi\rangle}} = |-\rangle$$

● 注记

(1) 量子计算机的输出一般是在计算基态上进行正交投影的测量，测量出每一个量子比特沿 z 轴的极化 σ_z：当 $\sigma_z = +1$ 时，结果为 0；当 $\sigma_z = -1$ 时，结果为 1。

应当指出，对于复杂多量子比特系统的任何测量，只要先对状态向量作适当的酉变换，就总可以在计算基态上进行正交投影测量。下面举一个简例说明这一点。

设单量子比特系统的状态向量为

$$|\psi\rangle = \cos\frac{\theta}{2}|0\rangle + e^{i\phi}\sin\frac{\theta}{2}|1\rangle \tag{8.1}$$

我们要测量状态向量在 Bloch 球上的坐标 x, y 和 z。可观测量 x, y 和 z 相对应的 Hermite 阵分别为 Pauli X, Y 和 Z。通过简单计算，可知 X, Y 和 Z 对于状态式

(8.1) 的期望值就分别是坐标 x,y 和 z:

$$\langle \psi \mid X \mid \psi \rangle = \langle \psi \mid \begin{bmatrix} 0 & 1 \\ 1 & 0 \end{bmatrix} \mid \psi \rangle = \sin\theta\cos\phi = x$$

$$\langle \psi \mid Y \mid \psi \rangle = \langle \psi \mid \begin{bmatrix} 0 & -i \\ i & 0 \end{bmatrix} \mid \psi \rangle = \sin\theta\sin\phi = y$$

$$\langle \psi \mid Z \mid \psi \rangle = \langle \psi \mid \begin{bmatrix} 1 & 0 \\ 0 & -1 \end{bmatrix} \mid \psi \rangle = \cos\theta = z$$

因此,坐标 x,y 和 z 的测量,就是它们对应的期望值的测量。

首先测量 z,即测量 $\langle \psi \mid Z \mid \psi \rangle$。$Z$ 的特征值为 ± 1,相应的特征向量为 $\{\mid 0 \rangle, \mid 1 \rangle\}$,它们就是计算基态组。$Z$ 的谱分解为:$Z = P_0 - P_1 = \mid 0 \rangle\langle 0 \mid - \mid 1 \rangle\langle 1 \mid$,因此,测量获得结果为 0 或 1 的概率分别为

$$p(0) = \langle \psi \mid P_0 \mid \psi \rangle = \cos^2 \frac{\theta}{2}$$

$$p(1) = \langle \psi \mid P_1 \mid \psi \rangle = \sin^2 \frac{\theta}{2}$$

可得
$$p(0) - p(1) = \cos^2 \frac{\theta}{2} - \sin^2 \frac{\theta}{2} = \cos\theta = z$$

因此,坐标 z 的测量就成为在计算基态上对概率差 $p(0) - p(1)$ 的测量。

为了在计算基态组 $\{\mid 0 \rangle, \mid 1 \rangle\}$ 上测量坐标 x,我们先对状态向量 $\mid \psi \rangle$ 作适当的酉变换:

$$\mid \psi_1 \rangle = U_1 \mid \psi \rangle, \quad \text{或} \quad \mid \psi \rangle = U_1^\dagger \mid \psi_1 \rangle$$

因此有

$$\langle \psi \mid X \mid \psi \rangle = \langle \psi_1 \mid U_1 X U_1^\dagger \mid \psi_1 \rangle \tag{8.2}$$

选择 U_1 为 X 与 Z 的相似变换阵,有 $U_1 X U_1^\dagger = Z$,即取

$$U_1 = \begin{bmatrix} 1 & 1 \\ -1 & 1 \end{bmatrix}$$

于是式 (8.2) 变为

$$\langle \psi \mid X \mid \psi \rangle = \langle \psi_1 \mid Z \mid \psi_1 \rangle = x$$

这意味着,坐标 x 的测量就转化为在计算基态上对概率差 $p_1(0) - p_1(1)$ 的测量(读者自行证明):

$$p_1(0) = |\langle 0 \mid \psi_1 \rangle|^2, \quad p_1(1) = |\langle 1 \mid \psi_1 \rangle|^2$$

$$p_1(0) - p_1(1) = \cos\phi\sin\theta = x$$

同样,为了在计算基态组 $\{|0\rangle, |1\rangle\}$ 上测量坐标 y,我们先对状态向量 $|\psi\rangle$ 作适当的酉变换:

$$|\psi_2\rangle = U_2|\psi\rangle, \quad 或 \quad |\psi\rangle = U_2^\dagger|\psi_2\rangle$$

取

$$U_2 = \begin{bmatrix} 1 & -i \\ i & 1 \end{bmatrix}$$

按照同样方法推导,可得坐标 y 的测量就转化为在计算基态上对概率差 $p_2(0) - p_2(1)$ 的测量(读者自行证明):

$$p_2(0) = |\langle 0|\psi_2\rangle|^2, \quad p_2(1) = |\langle 1|\psi_2\rangle|^2$$

$$p_2(0) - p_2(1) = \sin\phi\sin\theta = y$$

(2)量子系统的测量在本质上是概率性的,类似经典概率算法。一个量子算法必须重复足够多次后,才能接近于所要求的概率而得到问题之解。

下面再举个例题。双量子比特系统的状态为

$$\left.\begin{array}{c} |\psi\rangle = c_{00}|00\rangle + c_{01}|01\rangle + c_{10}|10\rangle + c_{11}|11\rangle \\ |c_{00}|^2 + |c_{01}|^2 + |c_{10}|^2 + |c_{11}|^2 = 1 \end{array}\right\} \tag{8.3}$$

若测量得到第一个量子比特的结果,研究该测量对系统状态的影响。我们沿 Bloch 球 z 轴测量,测量基底即为计算基底 $\{|0\rangle, |1\rangle\}$。将系统状态式(8.3)改写为

$$|\psi\rangle = \sqrt{|c_{00}|^2 + |c_{01}|^2}\,|0\rangle \otimes \frac{c_{00}|0\rangle + c_{01}|1\rangle}{\sqrt{|c_{00}|^2 + |c_{01}|^2}} +$$

$$\sqrt{|c_{10}|^2 + |c_{11}|^2}\,|1\rangle \otimes \frac{c_{10}|0\rangle + c_{11}|1\rangle}{\sqrt{|c_{10}|^2 + |c_{11}|^2}}$$

对第一个量子比特沿 z 轴测量,则以概率 $|c_{00}|^2 + |c_{01}|^2$ 得到 $|0\rangle$,以概率 $|c_{10}|^2 + |c_{11}|^2$ 得到 $|1\rangle$。在测量得到 $|0\rangle$ 后,第二个量子比特的状态坍塌为

$$\frac{c_{00}|0\rangle + c_{01}|1\rangle}{\sqrt{|c_{00}|^2 + |c_{01}|^2}}$$

而如果测量结果为 $|1\rangle$,则第二个量子比特的状态坍塌为

$$\frac{c_{10}|0\rangle + c_{11}|1\rangle}{\sqrt{|c_{10}|^2 + |c_{11}|^2}}$$

(3)投影测量具有可重复性。设量子系统的状态为 $|\psi\rangle$,投影算子为 P_m,P_m 是幂等矩阵:$P_m^2 = P_m$。对状态 $|\psi\rangle$ 进行第一次投影测量,得到结果 m,测量后的状态 $|\psi_m\rangle$ 为

$$| \psi_m \rangle = \frac{P_m | \psi \rangle}{\sqrt{\langle \psi | P_m | \psi \rangle}}$$

再进行第二次投影测量,重复得到结果 m,测量后的状态仍为 $| \psi_m \rangle$:

$$P_m | \psi_m \rangle = \frac{P_m^2 | \psi \rangle}{\sqrt{\langle \psi | P_m | \psi \rangle}} = \frac{P_m | \psi \rangle}{\sqrt{\langle \psi | P_m | \psi \rangle}} = | \psi_m \rangle$$

因此,将 P_m 作用于 $| \psi_m \rangle$,并不改变 $| \psi_m \rangle$。这意味着 $\langle \psi_m | P_m | \psi_m \rangle = 1$。于是,重复投影测量,每次都得到 m,且不改变状态 $| \psi_m \rangle$。

量子系统中的许多测量不是投影测量,例如用涂银光屏去测量光子的位置,在测量过程中毁灭了光子,这使重复测量光子位置成为不可能。

(4)再强调一下,从量子计算中取得答案的最后一步是测量,测量是指以一定概率获取可能结果之一。例如,对单量子比特系统,测量是按一定概率获取两种可能结果(已被赋值的 0 或 1)之一。因此,虽然实际计算述及量子比特,但最终测量答案仍是用经典比特来表示。

8.2　初　态　制　备

本节将讨论如何制备量子计算机的一般初态。实现量子算法的第一步是定义好初态,也称之为基准态,如 $|0 \cdots 00\rangle$。一些量子算法将初态置为等权叠加态,它是将 n 个 Hadamard 门(一个量子比特用一个)作用到态 $|0 \cdots 00\rangle$ 上而产生的:

$$\xrightarrow{|0\rangle^{\otimes n}} \boxed{H^{\otimes n}} \longrightarrow \frac{1}{\sqrt{2^n}} \sum_{x \in \{0,1\}^n} | x \rangle$$

其中,$|0\rangle^{\otimes n} = |0\rangle \otimes \cdots \otimes |0\rangle$ 为 n 个 $|0\rangle$ 的张量积,$H^{\otimes n} = H \otimes \cdots \otimes H$ 为 n 个 H 门的张量积。对 $n=1$,有

$$H|0\rangle = \frac{1}{\sqrt{2}} \begin{bmatrix} 1 & 1 \\ 1 & -1 \end{bmatrix} \begin{bmatrix} 1 \\ 0 \end{bmatrix} = \frac{1}{\sqrt{2}}(|0\rangle + |1\rangle)$$

对 $n=2$,有

$$H^{\otimes 2} |0\rangle^{\otimes 2} = \frac{1}{\sqrt{2^2}} \begin{bmatrix} 1 & 1 & 1 & 1 \\ 1 & -1 & 1 & -1 \\ 1 & 1 & -1 & -1 \\ 1 & -1 & -1 & 1 \end{bmatrix} \begin{bmatrix} 1 \\ 0 \\ 0 \\ 0 \end{bmatrix} = \frac{1}{2}(|00\rangle + |01\rangle + |10\rangle + |11\rangle)$$

一般有

$$H^{\otimes n} \mid 0 \rangle^{\otimes n} = \frac{1}{\sqrt{2^n}} \sum_{x \in \{0,1\}^n} \mid x \rangle \qquad (8.4)$$

式(8.4)称为 n qubits 状态向量的等权叠加态。若对该叠加态进行测量,则它坍塌到 2^n 个基态中的任一基态的概率均为 $1/2^n$。

下面讨论一般初态的制备。以 $n=3$ 为例,制备一般的初态:

$$\mid \psi \rangle = \sum_{i=0}^{7} a_i \mid i \rangle \qquad (8.5)$$

式中,a_i 是复系数,设 $a_i = \mid a_i \mid e^{i\sigma_i}$。先设置幅值 $\mid a_i \mid$,图 8.1 为实现的线路图。

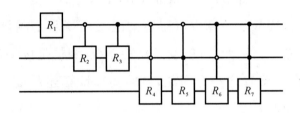

图 8.1　设置幅值的线路图

线路图中采用了 $2^3 - 1 = 7$ 个旋转门 R_j,R_j 是 Bloch 球面绕 y 轴的旋转门:

$$R_j \equiv R_y(2\theta_j) = \begin{bmatrix} \cos\theta_j & -\sin\theta_j \\ \sin\theta_j & \cos\theta_j \end{bmatrix} \qquad (j=1,\cdots,7)$$

第一个旋转门 $R_y(2\theta_1)$ 把初态 $\mid 000 \rangle$ 变为

$$(\cos\theta_1 \mid 0 \rangle + \sin\theta_1 \mid 1 \rangle) \mid 00 \rangle \qquad (8.6)$$

然后,两个受控旋转门 C-R_y 把式(8.6)的状态变为

$$(\cos\theta_1\cos\theta_2 \mid 00 \rangle + \cos\theta_1\sin\theta_2 \mid 01 \rangle + \sin\theta_1\cos\theta_3 \mid 10 \rangle + \sin\theta_1\sin\theta_3 \mid 11 \rangle) \mid 0 \rangle$$
$$(8.7)$$

最后,四个受控旋转门 C^2-R_y 把式(8.7)的状态变为

$$\cos\theta_1\cos\theta_2\cos\theta_4 \mid 000 \rangle + \cos\theta_1\cos\theta_2\sin\theta_4 \mid 001 \rangle +$$
$$\cos\theta_1\sin\theta_2\cos\theta_5 \mid 010 \rangle + \cos\theta_1\sin\theta_2\sin\theta_5 \mid 011 \rangle +$$
$$\sin\theta_1\cos\theta_3\cos\theta_6 \mid 100 \rangle + \sin\theta_1\cos\theta_3\sin\theta_6 \mid 101 \rangle +$$
$$\sin\theta_1\sin\theta_3\cos\theta_7 \mid 110 \rangle + \sin\theta_1\sin\theta_3\sin\theta_7 \mid 111 \rangle \qquad (8.8)$$

由此可知,按以下方式选取角度 θ_j,就在状态向量式(8.5)中设置了合适的幅值 $\mid a_i \mid$:

$$|a_0| = \cos\theta_1\cos\theta_2\cos\theta_4, \qquad |a_1| = \cos\theta_1\cos\theta_2\sin\theta_4$$
$$|a_2| = \cos\theta_1\sin\theta_2\cos\theta_5, \qquad |a_3| = \cos\theta_1\sin\theta_2\sin\theta_5$$
$$|a_4| = \sin\theta_1\cos\theta_3\cos\theta_6, \qquad |a_5| = \sin\theta_1\cos\theta_3\sin\theta_6$$
$$|a_6| = \sin\theta_1\sin\theta_3\cos\theta_7, \qquad |a_7| = \sin\theta_1\sin\theta_3\sin\theta_7$$

式中，$\theta_j \in \left[0, \dfrac{\pi}{2}\right], j = 1, \cdots, 7$。

应当指出，对于 2^n 维状态向量，虽有 2^n 个幅值，但因为有归一化条件，幅值的自由度数为 $2^n - 1$。因此，图 8.1 中只需用 $2^3 - 1 = 7$ 个旋转门，选取 7 个合适的角度值 $\theta_1, \cdots, \theta_7$ 即可。

下面我们设置式(8.5)初态的相位 σ_i。为此，我们作一个酉变换 U_D，它在计算基态 $\{|000\rangle, |001\rangle, \cdots, |111\rangle\}$ 上是对角阵：

$$U_D = \mathrm{diag}\left[\mathrm{e}^{\mathrm{i}\sigma_0}, \mathrm{e}^{\mathrm{i}\sigma_1}, \cdots, \mathrm{e}^{\mathrm{i}\sigma_7}\right]$$

图 8.2 给出了构造 U_D 的线路图，图中用到了 $2^n/2$ 个受控运算，其中 Γ_k 是一个单量子比特门，它在计算基态 $\{|0\rangle, |1\rangle\}$ 上的矩阵表示为

$$\Gamma_k = \begin{bmatrix} \mathrm{e}^{\mathrm{i}\sigma_{2k}} & 0 \\ 0 & \mathrm{e}^{\mathrm{i}\sigma_{2k+1}} \end{bmatrix} \quad (k = 0, 1, 2, 3)$$

由线路图可见，只有前两个量子比特处于 $|00\rangle$ 时，Γ_0 才起作用，它给基态 $|000\rangle$ 和 $|001\rangle$ 分别设置了相位 $\mathrm{e}^{\mathrm{i}\sigma_0}$ 和 $\mathrm{e}^{\mathrm{i}\sigma_1}$。类似地，仅在前两个量子比特处于 $|01\rangle$ 时，Γ_1 才给基态 $|010\rangle$ 和 $|011\rangle$ 分别设置了相位 $\mathrm{e}^{\mathrm{i}\sigma_2}$ 和 $\mathrm{e}^{\mathrm{i}\sigma_3}$，依此类推。

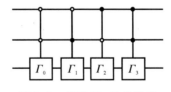

图 8.2　构造 U_D 的线路图

由此可知，采用上述的初态制备方法，其所需量子门的数目随量子比特数 n 呈指数级增加，这不是有效的方法。量子计算机中的一个运算可以有效实施，一般是指该运算所需的基本量子门的数目与量子比特数 n 呈多项式关系。

必须指出，在内存的存贮量方面，量子计算机具有指数式的优势。事实上，存贮于 n qubits 量子计算机的一个状态向量由 2^n 个复数来确定。然而在经典计算机上却需要 $m \times 2^n$ 比特来装载 2^n 个复数，这里 m 是为了存贮一个给定精度的复数所需的系数。量子计算机的巨大存贮能力是很明显的，因为它只需要 n qubits。

8.3　量子函数赋值

● 函数赋值

经典计算机中的一个基本任务是为二进制函数赋值,即对 n 比特的输入,给出 1 比特的输出:

$$f:\{0,1\}^n \rightarrow \{0,1\} \tag{8.9}$$

其中,输入为二进制数 $(x_{n-1}, \cdots, x_1, x_0)$,输出 $f(x_{n-1}, \cdots, x_1, x_0)$ 为 0 或 1。通过组合这类二进制函数,可以计算任意复杂的函数。下面研究量子计算机中如何进行量子函数赋值。

设 n 位量子比特 $|x_{n-1} \cdots x_1 x_0\rangle \equiv |x\rangle$。很明显,直接计算 $f(|x\rangle)$ 是行不通的,因为函数 $f(|x\rangle)$ 不是酉算子。为此,在量子计算机中增加一个辅助量子比特 $|y\rangle$,构造出计算函数 f 的酉变换 U_f:

$$|x\rangle|y\rangle \xrightarrow{U_f} |x\rangle|y \oplus f(x)\rangle$$

或

$$U_f|x\rangle|y\rangle = |x\rangle|y \oplus f(x)\rangle \tag{8.10}$$

当置 $y=0$ 时,则辅助量子比特位的最终状态就是 $f(x)$ 值:

$$U_f|x\rangle|0\rangle = |x\rangle|f(x)\rangle$$

这就给出了量子函数赋值。图 8.3 示意表达了式(8.10)的 U_f,也可以用如下表达式形式地表示 U_f:

$$\left[\begin{array}{c} |x\rangle \\ \hline |y \oplus f(x)\rangle \end{array}\right] = \left[\begin{array}{c:c} I & 0 \\ \hdashline 0 & |y \oplus f(x)\rangle\langle y| \end{array}\right]\left[\begin{array}{c} |x\rangle \\ \hline |y\rangle \end{array}\right] \tag{8.11}$$

现在证明式(8.10)的 U_f 是酉变换。由式(8.10)可得

$$U_f(U_f|x\rangle|y\rangle) = U_f(|x\rangle|y \oplus f(x)\rangle) = |x\rangle|y \oplus f(x) \oplus f(x)\rangle = |x\rangle|y\rangle$$

这里,注意到 $f(x) \oplus f(x) = 0$。因此,$U_f^2 = I$,即 U_f 是自逆的。其次,可以严格证明 U_f 具有 Hermite 性。直观上看,由式(8.11)知,这只需证明辅助位的变换阵具有 Hermite 性。事实上,由第六讲知,由 $|y\rangle \rightarrow |y \oplus x\rangle$ 可得辅助位的变换阵为 X,X 具有 Hermite 性。同样地,由 $|y\rangle \rightarrow |y \oplus f(x)\rangle$ 也可得辅助位的变换阵为 X。综上,U_f 阵具有 U 性。

● 简单二进制函数的线路图

下面给出构造简单 U_f 的量子线路图。研究二进制函数 $f:\{0,1\}^n \to \{0,1\}$，对 $n=2$ 的情况，共有 $2^{2^n}=16$ 个逻辑函数，见表 8.1。图 8.4 给出了构造部分二进制函数的具体线路。图中，$|x_1 x_0\rangle$ 为两个输入量子位；$|y\rangle$ 为辅助量子位，取为 $|0\rangle$。

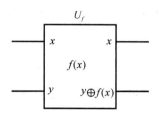

图 8.3　U_f 示意图

表 8.1　逻辑函数值

$|x_1 x_0\rangle$	f_0	f_1	f_2	f_3	f_4	f_5	f_6	f_7	f_8	f_9	f_{10}	f_{11}	f_{12}	f_{13}	f_{14}	f_{15}
$|00\rangle$	0	0	0	0	0	0	0	0	1	1	1	1	1	1	1	1
$|01\rangle$	0	0	0	0	1	1	1	1	0	0	0	0	1	1	1	1
$|10\rangle$	0	0	1	1	0	0	1	1	0	0	1	1	0	0	1	1
$|11\rangle$	0	1	0	1	0	1	0	1	0	1	0	1	0	1	0	1

注意表 8.1 的二进制函数中，有 $f_{15-i}=\overline{f_i}$。更复杂二进制函数的量子线路的构造方法，此处从略。一般而言，若构建一个计算 f 的经典电路的尺度为 k，则构建计算相同 f 的量子电路的尺度约为 $2k$。

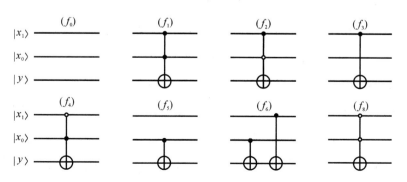

图 8.4　构造函数值的具体线路

● 注记

(1) 以上讨论的量子函数赋值问题中,函数 $f(|x\rangle)$ 的自变量 $|x\rangle \equiv |x_{n-1}\cdots x_1 x_0\rangle$ 是指量子系统的计算基态向量,我们只是把式(8.10)的 U_f 加到计算基态向量 $|x\rangle$ 上,而量子系统的计算基态组仅是系统的一个基底。量子系统的状态可以是由不同基底的各基态向量线性组合而成的叠加态。我们之所以对量子函数赋值有兴趣,是因为 U_f 对叠加态的并行作用。这一点在后续内容中将会详细研究。

(2)经典计算机中,Toffoli 门可以作为通用门。Toffoli 门也可以由量子门来实现,称为量子 Toffoli 门(见第 6 讲)。因此,从理论上讲,量子 Toffoli 门确保了量子计算机可以进行任何经典计算机能够完成的计算。换言之,任何经典计算机可以计算的问题都可以在量子计算机上计算。但是,其逆不成立。所以,量子计算是计算的一种更基本的形式。

8.4　量子黑盒(oracle)

● oracle 含义

在量子计算中,经常遇到函数赋值问题:

$$f:\{0,1\}^n \rightarrow \{0,1\} \tag{8.12}$$

以及

$$f:\{0,1\}^n \rightarrow \{0,1\}^m \tag{8.13}$$

计算式(8.12)及式(8.13)中函数 f 的程序,称为 oracle。但是,上述的 f 变换,既不具有酉性,也不可逆,无法用有效的量子门来实现。我们知道,为使 oracle 门有效,一个可能的解决方法是为式(8.12)的输出增加一位辅助位,由式(8.10)的 U_f 实现 oracle 功能。对于式(8.13)的 oracle,则需为其输出增加 m 位辅助位,相应的 U_f 为

$$U_f:|x,y\rangle \rightarrow |x,y \oplus f(x)\rangle$$

其中,$x \in \{0,1\}^n$,$y \in \{0,1\}^m$。上述实现 oracle 功能的 U_f 也简称为 oracle。

量子计算机中通常给出有关 U_f 的 oracle 工具。作为使用量子计算机的用户,不必关心 oracle 的具体构成与工作细节,只需调用它。因此,也称 oracle 为量子黑盒,即一个封装了的实现函数计算的黑盒。应当指出,调用 oracle 的消耗,依赖于函数 $f(x)$ 的复杂性。

● 查询 oracle 与相位反冲法

量子计算中应用最广的是用作查询判定问题(decision problem)的 oracle。例如第九讲研究的 Deutsch 算法中,oracle 用以查询所得到的函数是两类函数中的哪一类。下面以查询搜索问题之解为例,研究查询 oracle。

设在 $N = 2^n$ 个元素的搜索空间中进行搜索,N 个数字 $\{0, 1, \cdots, N-1\}$ 可以存贮在 n 个比特 $|x_{n-1} \cdots x_1 x_0\rangle$ 中。假设搜索问题有一个解 x^0,现定义函数 f 为

$$f(x) = \begin{cases} 1 & (x = x^0) \\ 0 & (x \neq x^0) \end{cases}$$

查询 oracle U_f 用以识别搜索问题之解,它是一个酉算子:

$$|x\rangle |y\rangle \xrightarrow{U_f} |x\rangle |y \oplus f(x)\rangle$$

式中,$|x\rangle = |x_{n-1} \cdots x_1 x_0\rangle$,$|y\rangle$ 是辅助位。

我们可以制备 $|x\rangle |0\rangle$,应用 U_f,通过检查辅助位来识别 x 是否为搜索问题之解:

$$|x\rangle |0\rangle \xrightarrow{U_f} |x\rangle |f(x)\rangle$$

下面我们介绍很方便的相位反冲法(phase kickback)来识别 x 是否为搜索问题之解。该方法采用巧妙的初始化辅助位的方式,如图 8.5 所示,辅助位的初始态为 $|-\rangle$,有

$$H|1\rangle = \frac{|0\rangle - |1\rangle}{\sqrt{2}} = |-\rangle$$

于是

$$|x\rangle |-\rangle \xrightarrow{U_f} |x\rangle \frac{|f(x)\rangle - |\overline{f(x)}\rangle}{\sqrt{2}}$$

式中,$f(x)$ 为 0 或 1,$\overline{f(x)} = f(x) \oplus 1$。因此

$$|x\rangle \frac{|f(x)\rangle - |\overline{f(x)}\rangle}{\sqrt{2}} = |x\rangle \otimes (-1)^{f(x)} |-\rangle = (-1)^{f(x)} |x\rangle |-\rangle$$

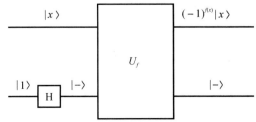

图 8.5　相位反冲法示意图

可以看到,用以识别搜索问题之解的相位项$(-1)^{f(x)}$,从辅助位$|-\rangle$"反冲"到数据位$|x\rangle$上。辅助位仍保持为$|-\rangle$,它与数据位之间非纠缠,因此,可以在算法描述中省略:

$$|x\rangle \xrightarrow{U_f} (-1)^{f(x)}|x\rangle$$

应当指出,在量子算法中查询(调用)oracle 的次数,可以作为查询复杂性的度量。

● 多值函数赋值的 oracle

对于多值函数的赋值问题:

$$f:\{0,1\}^n \to \{0,1\}^m$$

相应的U_f为

$$U_f:|x,y\rangle \to |x,y \oplus f(x)\rangle$$

其中,数据寄存器中存贮$|x\rangle=|x_{n-1}\cdots x_1 x_0\rangle$,而 oracle 辅助位寄存器中置入$|y\rangle=|0\rangle^{\otimes m}$。酉变换$U_f$可写为

$$U_f = \sum_{x\in\{0,1\}^n} \sum_{y\in\{0,1\}^m} |x\rangle\langle x|\otimes|y \oplus f(x)\rangle\langle y| \qquad (8.14)$$

第九讲　量子叠加态及并行性

量子叠加态是量子力学的一个基本原理,是量子计算中并行处理的内在基础,而量子并行性是许多量子算法的一个基本特征。本讲研究量子算法的两种基本技术——量子并行性和量子相干性,这是量子计算机远胜过经典计算机的两个关键因素。本讲还进一步讲述 Deutsch 算法和 Deutsch – Jozsa 算法(这是首个证明了量子算法比经典算法快得多的具有里程碑意义的算法)。本讲的最后,将简要介绍计算复杂性的一些基本概念。

9.1　量子叠加态与量子并行性

● 量子叠加态(superposition)

单量子比特的状态向量为 $|\psi\rangle = \alpha |0\rangle + \beta |1\rangle$。其中,复系数 α, β 称为概率幅,服从归一化条件:$|\alpha|^2 + |\beta|^2 = 1$。$|\psi\rangle$ 是 $|0\rangle$ 和 $|1\rangle$ 的线性组合,称为叠加态,例如:$|+\rangle = \dfrac{1}{\sqrt{2}}(|0\rangle + |1\rangle)$,$|-\rangle = \dfrac{1}{\sqrt{2}}(|0\rangle - |1\rangle)$。

由 n 个单量子比特复合而成的多量子比特(n qubits) 系统,其状态向量为

$$|\psi\rangle = \sum_{x \in \{0,1\}^n} c_x |x\rangle \tag{9.1}$$

其中,$|x\rangle (x \in \{0,1\}^n)$ 是正交归一基底,是由各单量子比特的基态利用张量积构造而成的,称为计算基;复系数 c_x 称为概率幅,服从归一化条件:$\displaystyle\sum_{x \in \{0,1\}^n} |c_x|^2 = 1$。

$|\psi\rangle$ 是计算基 $\{|x\rangle, x \in \{0,1\}^n\}$ 的线性组合,称为叠加态。例如,通过 n 个 Hadamard 门制备数据寄存器中 2^n 个基态为等权叠加态:

$$|0\rangle^{\otimes n} \xrightarrow{H^{\otimes n}} |\psi\rangle = \frac{1}{\sqrt{2^n}} \sum_{x \in \{0,1\}^n} |x\rangle \tag{9.2}$$

其中,$|0\rangle^{\otimes n} = |0\rangle \otimes \cdots \otimes |0\rangle$ 是 n 个 $|0\rangle$ 的张量积,$H^{\otimes n} = H \otimes \cdots \otimes H$ 是 n 个

Hadamard 门 H 的张量积。

● 量子并行性

考虑函数 $f:\{0,1\}^n \to \{0,1\}$，我们对不同的输入 $x \in \{0,1\}^n$，同时计算 $f(x)$。经典计算机要并行完成这项任务，必需构造多个计算相同函数 f 的线路，它们同时对不同的输入 x 进行计算。而量子计算机只需要构造一个量子线路，它执行如下酉变换：

$$U_f: |x,y\rangle \to |x, y \oplus f(x)\rangle \tag{9.3}$$

就可完成这项任务。式(9.3)中，$x \in \{0,1\}^n$，$y \in \{0,1\}$。酉操作 U_f 是按照布尔函数 f 设计的，该线路由 $n+1$qubits 组成，前 n qubits 为数据寄存器，最后一位是 oracle 辅助位。对一般状态式(9.1)执行式(9.3)的酉变换，则有

$$|\psi\rangle |y\rangle = \sum_{x \in \{0,1\}^n} c_x |x\rangle |y\rangle \xrightarrow{U_f} \sum_{x \in \{0,1\}^n} c_x |x\rangle |y \oplus f(x)\rangle \tag{9.4}$$

可以看到，式(9.4)中只执行了一次酉操作 U_f，就可以计算获得所有 $x \in \{0,1\}^n$ 的函数值 $f(x)$。这意味着，酉变换 U_f 对 $f(x)$ 的 2^n 个输入 x 进行了并行计算，这种指数级的并行化操作，充分体现了"量子并行性"的巨大威力。此时，若辅助位 $y=0$，则执行式(9.3)的酉变换后有

$$|\psi\rangle |0\rangle = \sum_{x \in \{0,1\}^n} c_x |x,0\rangle \xrightarrow{U_f} \sum_{x \in \{0,1\}^n} c_x |x\rangle |f(x)\rangle \tag{9.5}$$

下面举个简例，计算函数 $f(x)=x^2$。一般而言，若用 $n=\log_2 N$ 位量子比特来存储一个整数 $x \in [0, N-1]$，则存储 $x^2 \in [0, (N-1)^2]$ 就需要 $2n=\log_2 N^2$ 位量子比特。例如，对于 $n=2$，需要 4 位量子比特来存储输出。由于 $f:\{0,1\}^2 \to \{0,1\}^4$，需要 4 个 oracle 辅助位。函数 $f(x)=x^2$ 的真值表如表 9.1 所示。

表 9.1　函数 $f(x)=x^2$ 真值表

x_1	x_0	x	x^2	
0	0	0	0	0000
0	1	1	1	0001
1	0	2	4	0100
1	1	3	9	1001

数据寄存器中的等权叠加态输入为

$$\frac{1}{2}(|00\rangle + |01\rangle + |10\rangle + |11\rangle) = \frac{1}{2}(|0\rangle + |1\rangle + |2\rangle + |3\rangle)$$

oracle 的输出为

$$\frac{1}{2}(|00\rangle|0000\rangle + |01\rangle|0001\rangle + |10\rangle|0100\rangle + |11\rangle|1001\rangle) =$$

$$\frac{1}{2}(|0\rangle|0\rangle + |1\rangle|1\rangle + |2\rangle|4\rangle + |3\rangle|9\rangle)$$

这样,对于 $x = 0,1,2,3$,oracle 并行地计算了 $f(x) = x^2$。这种效果远超经典计算机的能力。量子计算机能把众多 x 值的叠加作为输入,一次操作就同时产生全部输出,这一独特性能,被称为量子并行性。以上没有述及 oracle 的细节。

我们总结几点:

（1）量子叠加态是量子并行性的内在基础。事实上,若量子系统的状态向量为式（9.1）或式（9.2）的叠加态,则对其一次运算操作,就可同时操作所有 2^n 个状态 $c_x|x\rangle$ 或 $\frac{1}{\sqrt{2^n}}|x\rangle$,其中 $x \in \{0,1\}^n$。

（2）量子并行性是量子计算机具有颠覆性性能的关键。事实上,量子比特数 n 的线性增加,却使量子并行处理数 2^n 呈指数级增长。有人认为,一旦量子计算机拥有超过 70 多位的量子比特,我们就会进入量子霸权的时代,届时,量子计算机可以进行任何经典计算机都无法胜任的计算。

9.2　量子相干性与 Deutsch 算法

量子并行处理的结果是在量子计算机中,但为了从叠加态中提取信息,外界必须进行测量,这就遇到了量子测量这一瓶颈问题。例如,在数据寄存器的计算基态 $\{|x\rangle, x \in \{0,1\}^n\}$ 上对叠加态式（9.5）进行测量,则只能得到单个 x（例如 $x = x^0$）,而量子态式（9.5）就坍塌到 $|x^0\rangle|f(x^0)\rangle$。于是,对辅助位寄存器（也称为目标寄存器）的测量只能得到 $f(x^0)$。这意味着,虽然利用量子叠加态可以实现量子并行操作,但外界并不能同时得到所有 $x \in \{0,1\}^n$ 对应的 $f(x)$ 值,只能得到单个 x^0 对应 $f(x^0)$ 值。因此,用这种方法提取信息,量子计算机相对于经典计算机仍无优势可言。量子计算机要求的不仅仅是量子计算的并行性,它还要求从计算结果的叠加态中有效地提取信息。接下来研究的量子相干性方法,大大提高了量子计算的信息提取的能力。我们先从 Deutsch 算法开始。

● Deutsch 算法

考虑单比特的布尔函数 $f: \{0,1\} \rightarrow \{0,1\}$，该函数由 oracle 进行计算。函数值 $f(0)$ 和 $f(1)$ 共有四种组合，如表9.2所示。从整体性质上看，f 分两类：f_0, f_3 的两个输入，其输出相同，称为常数函数；f_1, f_2 的一半输出为 0，另一半输出为 1，称为平衡函数。Deutsch 提出的问题是：随机从 oracle 给出这四个函数中的一个 f_i，需要查询 oracle 多少次才能确定该函数属于哪一类。

表 9.2 $f(0)$ 和 $f(1)$ 组合表

x	f_0	f_1	f_2	f_3
0	0	0	1	1
1	0	1	0	1

经典算法需要查询两次 oracle 才能判定该函数的类别。Deutsch 给出的量子算法只需要查询一次 oracle，就可解决这个问题。

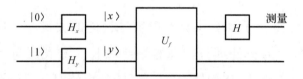

图 9.1 Deutsch 算法量子线路图

图 9.1 是 Deutsch 算法的量子线路图。图中，量子比特的初态为 $|x\rangle_0 |y\rangle_0 = |0\rangle|1\rangle$。首先，用 Hadamard 门 H_x 将第一个量子比特制备为叠加态 ——

$$H_x |0\rangle = \frac{|0\rangle + |1\rangle}{\sqrt{2}} = |x\rangle,$$ 使 oracle 可以在一次计算中同时计算 $f(0)$ 和 $f(1)$。

这里，oracle 计算 $f(x)$ 的酉变换为：$|x\rangle|y\rangle \xrightarrow{U_f} |x\rangle|y \oplus f(x)\rangle$。其次，用 Hadamard 门 H_y 将第二个量子比特位转化为特殊的辅助位 —— $H_y|1\rangle = \frac{|0\rangle - |1\rangle}{\sqrt{2}} = |y\rangle$，再应用相位反冲法（见8.4节），$U_f$ 将相位因子 $(-1)^{f(x)}$ "反冲" 到第一个量子比特上。事实上，

$$|x\rangle|y\rangle = \frac{|0\rangle + |1\rangle}{\sqrt{2}} \otimes \frac{|0\rangle - |1\rangle}{\sqrt{2}} = \frac{1}{2}(|00\rangle - |01\rangle + |10\rangle - |11\rangle)$$

于是

$$U_f \mid x \rangle \mid y \rangle =$$

$$\frac{1}{2}(\mid 0 \rangle \mid f(0) \rangle - \mid 0 \rangle \mid f(0) \oplus 1 \rangle + \mid 1 \rangle \mid f(1) \rangle - \mid 1 \rangle \mid f(1) \oplus 1 \rangle) =$$

$$\frac{1}{2}[\mid 0 \rangle (\mid f(0) \rangle - \mid \overline{f(0)} \rangle) + \mid 1 \rangle (\mid f(1) \rangle - \mid \overline{f(1)} \rangle)]$$

其中，$f(0) \oplus 1 = \overline{f(0)}$，$f(1) \oplus 1 = \overline{f(1)}$。注意到

$$\mid f(0) \rangle - \mid \overline{f(0)} \rangle = (-1)^{f(0)}(\mid 0 \rangle - \mid 1 \rangle)$$

$$\mid f(1) \rangle - \mid \overline{f(1)} \rangle = (-1)^{f(1)}(\mid 0 \rangle - \mid 1 \rangle)$$

因此，量子计算机的状态为

$$U_f \mid x \rangle \mid y \rangle = \frac{(-1)^{f(0)} \mid 0 \rangle + (-1)^{f(1)} \mid 1 \rangle}{\sqrt{2}} \frac{\mid 0 \rangle - \mid 1 \rangle}{\sqrt{2}}$$

从直观上看，$U_f \mid + \rangle \mid - \rangle$ 作用后，第二个量子比特保持为 $\mid - \rangle$，可以不予关注；而第一个量子比特上只是植入了"反冲"的 $f(0)$、$f(1)$ 的信息。最后，第一个量子比特再经 Hadamard 门后，其状态变换为

$$\frac{1}{2}\{[(-1)^{f(0)} + (-1)^{f(1)}] \mid 0 \rangle + [(-1)^{f(0)} - (-1)^{f(1)}] \mid 1 \rangle\} \qquad (9.6)$$

式(9.6)就是用以测量的输出结果。当 $f(0) = f(1)$ 时，式(9.6)即为 $\pm \mid 0 \rangle$；当 $f(0) \neq f(1)$ 时，它为 $\pm \mid 1 \rangle$。因此，式(9.6)可以改写为 $\mid f(0) \oplus f(1) \rangle$（我们不必关注 $\pm$，因为它对测量而言没有意义）。通过 $f(0) \oplus f(1)$ 可以判定函数 f 的类别：如果函数是常数的，对于第一个量子比特的测量必定得到 $\mid 0 \rangle$；如果函数是平衡的，则测量结果肯定是 $\mid 1 \rangle$。

由上可知，仅仅调用 oracle 一次之后，函数 f 的全局性质就被编码在一个单量子比特之中，因此，只需查询 oracle 一次，就可获得问题的解。我们找不到哪一个经典算法，具备这样的能力。

虽然 Deutsch 算法还没有实用价值，但它却第一次证明了在某些情况下量子计算机远比经典计算机强。Deutsch 算法的下列几个关键点，对发展量子算法颇有启发：

(1)叠加态输入。通过 Hadamard 门，把全局输入信息嵌入叠加态之中，以供并行处理之用。

(2)并行处理。由于量子并行性，量子计算机对叠加态输入实施并行操作。

(3)全局信息提取。由于量子相干性，通过 Hadamard 门，把局部输出信息合

并为全局输出信息,以供测量提取。

在 Deutsch 算法中,量子相干性体现在 Hadamard 门的组合作用上:若输出 $f(0) \oplus f(1) = 0$,量子干涉是相干的;若输出 $f(0) \oplus f(1) = 1$,则量子干涉是相消的。

● 量子相干性(interference)

量子相干性方法把量子计算机中的局部输出信息合并成全局输出信息,以供测量提取。由 Deutsch 算法可知,Hadamard 门(H 阵或 $H^{\otimes n}$ 阵)作用于量子叠加态上,可获得全局信息。例如,$n = 2$ 时的叠加态为 $|\psi\rangle = \alpha_{00}|00\rangle + \alpha_{01}|01\rangle + \alpha_{10}|10\rangle + \alpha_{11}|11\rangle$,把 $H^{\otimes 2}$ 阵作用于状态 $|\psi\rangle$ 上,有

$$\frac{1}{2}\begin{bmatrix} 1 & 1 & 1 & 1 \\ 1 & -1 & 1 & -1 \\ 1 & 1 & -1 & -1 \\ 1 & -1 & -1 & 1 \end{bmatrix}\begin{bmatrix} \alpha_{00} \\ \alpha_{01} \\ \alpha_{10} \\ \alpha_{11} \end{bmatrix} = \frac{1}{2}\begin{bmatrix} \alpha_{00}+\alpha_{01}+\alpha_{10}+\alpha_{11} \\ \alpha_{00}-\alpha_{01}+\alpha_{10}-\alpha_{11} \\ \alpha_{00}+\alpha_{01}-\alpha_{10}-\alpha_{11} \\ \alpha_{00}-\alpha_{01}-\alpha_{10}+\alpha_{11} \end{bmatrix}$$

这就可测量到全局信息。用线性代数的语言说,Hadamard 门的作用相当于改变了状态向量的基底。通常量子计算机运算结果的叠加态,都是基于计算基态组的基底,但我们可以按照测量要求,更换基底,以利于提取所需的全局信息。

下面再进一步研究获取全局信息的测量方法。设量子计算机处理结果的叠加态为

$$|\psi_f\rangle = \sum_x c_x |x, f(x)\rangle \tag{9.7}$$

如果直接在计算基态上测量数据寄存器,只能得到单个 x 所对应的 $f(x)$ 的局部信息。现在先在数据寄存器上执行一个酉变换 U,这相当于改变了输出结果的叠加态的基底。现设计算基态向量组为 $|x\rangle (x \in \{0,1\}^n)$,改变的正交归一基底组为 $|x'\rangle$(共 2^n 个基向量)。令二次型 $u_{x'x} = \langle x' | U | x \rangle$,于是

$$u_{x'x} |x'\rangle = |x'\rangle\langle x' | U | x\rangle$$

$$\sum_{x'} u_{x'x} |x'\rangle = \sum_{x'} |x'\rangle\langle x' | U | x\rangle = U | x\rangle \tag{9.8}$$

将 U 作用到式(9.7)的叠加态上,则有

$$U \sum_x c_x |x, f(x)\rangle = \sum_x c_x U |x, f(x)\rangle$$

代入式(9.8),则上式为

$$\sum_x c_x \sum_{x'} u_{x'x} |x', f(x)\rangle = \sum_{x'} x' \otimes \left(\sum_x c_x u_{x'x} |f(x)\rangle\right)$$

若此时再在数据寄存器上对输出状态进行测量,就能得到所有 $x \in \{0,1\}^n$ 对应的 $f(x)$ 的全局信息: $\sum_x c_x u_{x'x} \mid f(x)\rangle$。

上述酉变换的操作可以将不同 x 的取值所对应的 $f(x)$ 的信息进行合并。应当指出,酉变换之后执行测量的基底与酉变换之前执行测量的基底是不同的。由此可见,在对输出结果进行测量时选取合适的基底,对于提取全局信息至关重要。

9.3 Deutsch - Jozsa 算法

Deutsch 算法说明了某些情况下量子算法具有超过经典算法的优越性质。但 Deutsch 算法过于简单,它只针对单输入、单输出布尔函数。Deutsch - Jozsa 算法推广至多输入布尔函数 $f:\{0,1\}^n \rightarrow \{0,1\}$ 的情况,它充分展示了量子并行性与量子相干性相结合的量子算法的巨大威力。

● Deutsch - Jozsa 算法

考虑布尔函数 $f:\{0,1\}^n \rightarrow \{0,1\}$,若该函数有两类:常值函数,对 2^n 个输入,输出或全为 0 或全为 1;平衡函数,一半输入的输出为 0,另一半输入的输出为 1。任意给出一个函数,要判断它属于哪一类。

我们用 oracle 来计算函数 $f(x)$。若用经典算法解决该问题,最巧时只需要查询 oracle 两次,即两次查询的输出结果不同。最糟时需要查询 oracle $2^{n-1}+1$ 次,因为即使查询到 2^{n-1} 次的输出结果相同,仍无法判定该函数的类别,需要再多一次的查询。可是 Deutsch - Jozsa 算法只需要查询 oracle 一次! 这意味着量子算法可获得指数级的查询加速。

Deutsch - Jozsa 算法的量子线路图如图 9.2 所示。

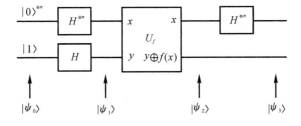

图 9.2 Deutsch - Jozsa 算法量子线路图

算法分为下列几步:

（1）状态初始化。n qubits 数据位 $|x\rangle = |x_{n-1}\cdots x_1 x_0\rangle$ 的初态为 $|0\rangle^{\otimes n}$，辅助比特位 $|y\rangle$ 的初态为 $|1\rangle$。于是，输入量子位的初态为

$$|\psi_0\rangle = |0\rangle^{\otimes n}|1\rangle \tag{9.9}$$

（2）产生等权叠加态和辅助比特位。式（9.9）的初态经 $H^{\otimes n}$ 和 H 阵的变换后，产生输入至 oracle 的状态为

$$|\psi_1\rangle = \frac{1}{\sqrt{2^n}}\sum_x |x\rangle\left[\frac{|0\rangle - |1\rangle}{\sqrt{2}}\right] \tag{9.10}$$

其中，$x \in \{0,1\}^n$。

（3）oracle 并行处理。这里应用 8.4 节中介绍的相位反冲方法。有 oracle 输出的状态为

$$|\psi_2\rangle = U_f\left[\frac{1}{\sqrt{2^n}}\sum_x |x\rangle\left[\frac{|0\rangle - |1\rangle}{\sqrt{2}}\right]\right] = \frac{1}{\sqrt{2^n}}\sum_x |x\rangle\left[\frac{|f(x)\rangle - |f(x)\oplus 1\rangle}{\sqrt{2}}\right] =$$

$$\frac{1}{\sqrt{2^n}}\sum_x |x\rangle\left[\frac{|f(x)\rangle - |\overline{f(x)}\rangle}{\sqrt{2}}\right] = \frac{1}{\sqrt{2^n}}\sum_x (-1)^{f(x)}|x\rangle\left[\frac{|0\rangle - |1\rangle}{\sqrt{2}}\right]$$

$$\tag{9.11}$$

从式（9.11）可以看到，数据寄存器的量子比特与辅助位的量子比特是非纠缠的，而 oracle 中输出与输入的辅助位保持不变。

（4）进行 Hadamard 变换，获取全局信息。将 n 个 Hadamard 门作用在数据寄存器上，即作用于状态 $|\psi_2\rangle$ 的前 n 个量子比特上。首先，H 阵对单量子比特 $|x\rangle(x=0,1)$ 的变换为

$$H|0\rangle = \frac{1}{\sqrt{2}}(|0\rangle + |1\rangle), H|1\rangle = \frac{1}{\sqrt{2}}(|0\rangle - |1\rangle)$$

于是可将 H 阵的作用统一写成为

$$H|x\rangle = \frac{1}{\sqrt{2}}\sum_{z=0}^{1}(-1)^{xz}|z\rangle$$

因此，n 个 Hadamard 门对 n qubits 的计算基态的变换为

$$H^{\otimes n}|x\rangle = H^{\otimes n}|x_{n-1}\cdots x_1 x_0\rangle = H|x_{n-1}\rangle\otimes\cdots\otimes H|x_1\rangle\otimes H|x_0\rangle =$$

$$\frac{1}{\sqrt{2^n}}\left(\sum_{z_{n-1}=0}^{1}(-1)^{x_{n-1}z_{n-1}}|z_{n-1}\rangle\right)\cdots\left(\sum_{z_1=0}^{1}(-1)^{x_1 z_1}|z_1\rangle\right)\left(\sum_{z_0=0}^{1}(-1)^{x_0 z_0}|z_0\rangle\right) =$$

$$\frac{1}{\sqrt{2^n}}\sum_{z_0,\cdots,z_{n-1}=0}^{1}(-1)^{x_{n-1}z_{n-1}+\cdots+x_1 z_1+x_0 z_0}|z_{n-1}\cdots z_1 z_0\rangle =$$

$$\frac{1}{\sqrt{2^n}} \sum_z (-1)^{x \cdot z} \mid z \rangle \tag{9.12}$$

其中，$x \cdot z$ 表示 x 和 z 的模 2 按位内积。进一步可得 n 个 Hadamard 门作用于式 (9.11) 状态 $\mid \psi_2 \rangle$ 的前 n 个量子比特上，可得输出结果 $\mid \psi_3 \rangle$ 为

$$\mid \psi_3 \rangle = H^{\otimes n} \left[\frac{1}{\sqrt{2^n}} \sum_x \mid x \rangle \right] \otimes (-1)^{f(x)} \mid - \rangle = \frac{1}{\sqrt{2^n}} \sum_x H^{\otimes n} \mid x \rangle \otimes (-1)^{f(x)} \mid - \rangle$$

代入式 (9.12)，可得

$$\mid \psi_3 \rangle = \frac{1}{2^n} \sum_x \left(\sum_z (-1)^{x \cdot z} \mid z \rangle \right) \otimes (-1)^{f(x)} \mid - \rangle =$$

$$\frac{1}{2^n} \sum_x \left(\sum_z (-1)^{x \cdot z + f(x)} \mid z \rangle \right) \otimes \mid - \rangle \tag{9.13}$$

由式 (9.13) 可知，oracle 输出的状态 $\mid \psi_2 \rangle$，经 Hadamard 门的作用，$\mid \psi_3 \rangle$ 在新的基底 $\mid z \rangle$（$z \in \{0,1\}^n$）上，提供了全局信息。

（5）测量。在数据寄存器上的输出状态为 $\mid \psi_3 \rangle$，其基底为 $\mid z \rangle$（$z \in \{0,1\}^n$）。由式 (9.13) 知，$\mid \psi_3 \rangle$ 在 $\mid z \rangle = \mid z_{n-1} \cdots z_1 z_0 \rangle = \mid 0 \cdots 00 \rangle$ 上的坐标（概率幅）为

$$\frac{1}{2^n} \sum_x (-1)^{f(x)} = \frac{1}{2^n} \left[(-1)^{f(0, \cdots, 0)} + (-1)^{f(0, \cdots, 1)} + \cdots + (-1)^{f(1, \cdots, 1)} \right]$$

$$\tag{9.14}$$

由式 (9.14) 知，若 f 是常数函数，且任意输入对应的输出均为 0，则概率幅为 1；若 f 是常数函数，且任意输入对应的输出均为 1，则概率幅为 -1。若 f 是平衡函数，则概率幅为 0。因此，测量结果为 $\mid z \rangle = \mid 0 \cdots 00 \rangle$ 的概率为

$$\left| \frac{1}{2^n} \sum_x (-1)^{f(x)} \right|^2 = \begin{cases} 1 & (f \text{ 是常数函数}) \\ 0 & (f \text{ 是平衡函数}) \end{cases}$$

由此可见，在数据寄存器上进行测量，若 f 是常数函数，则以概率为 1 测量得到状态 $\mid 0 \cdots 000 \rangle$；若 f 是平衡函数，则测量得到状态 $\mid 0 \cdots 000 \rangle$ 的概率为 0。总之，对函数 f 只需查询 oracle 一次，即可确定其属于哪一类。

● 注记

（1）为便于理解，我们用直观的方法推导式 (9.14)。有

$$\mid \psi_1 \rangle = \frac{1}{\sqrt{2^n}} \sum_x \mid x \rangle \otimes \mid - \rangle \quad \Rightarrow \quad \mid \psi_1 \rangle = \frac{1}{\sqrt{2^n}} \begin{bmatrix} 1 \\ 1 \\ \vdots \\ 1 \end{bmatrix} \otimes \mid - \rangle$$

$$|\psi_2\rangle = \frac{1}{\sqrt{2^n}} \sum_x (-1)^{f(x)} |x\rangle \otimes |-\rangle \quad \Rightarrow \quad |\psi_2\rangle = \frac{1}{\sqrt{2^n}} \begin{bmatrix} (-1)^{f(0,\cdots,0,0)} \\ (-1)^{f(0,\cdots,0,1)} \\ \vdots \\ (-1)^{f(1,\cdots,1,1)} \end{bmatrix} \otimes |-\rangle$$

注意到 $H^{\otimes n}$ 阵的第一行中各元素都是 $\frac{1}{\sqrt{2^n}}$,故 $|\psi_3\rangle$ 在 $|z\rangle = |0\cdots00\rangle$ 上的坐标(概率幅)为

$$\left[\frac{1}{\sqrt{2^n}}, \frac{1}{\sqrt{2^n}}, \cdots, \frac{1}{\sqrt{2^n}} \right] \cdot \frac{1}{\sqrt{2^n}} \begin{bmatrix} (-1)^{f(0,\cdots,0,0)} \\ (-1)^{f(0,\cdots,0,1)} \\ \vdots \\ (-1)^{f(1,\cdots,1,1)} \end{bmatrix}$$

这就是式(9.14)。

(2)Deutsch - Jozsa 算法的直观描述。

1)量子计算语言,一系列酉算子的作用:

$$(H^{\otimes n} \otimes I) U_f (H^{\otimes n} \otimes H)$$

2)自动控制语言,一系列传递函数阵的作用:

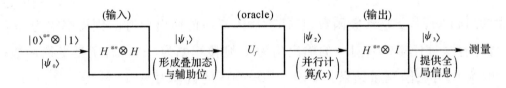

(3)从查询复杂性上说,量子算法查询一次 oracle 就能解决 Deutsch 问题,而经典算法甚至需要查询 $2^{n-1}+1$ 次。但是经典算法和量子算法较难比较时间复杂性,因为两者在计算函数值 f 的方法上差别很大。

(4)虽然 Deutsch 问题并不具有实质的重要性,目前它还没有实际的应用,但是 Deutsch - Jozsa 算法却包含着量子算法的一些特殊技巧,这对理解算法背后的规律很有启发,并为一些具有颠覆性意义的量子算法提供了处理思路。

9.4 计算复杂性的一些基本概念

为评估量子算法的性能,下面简要地介绍计算复杂性的一些基本概念。

在计算机上运行一个算法,需要时间、空间(内存)和能量等资源,尤其是时间

资源。计算复杂性所要研究的是完成计算所需资源的估计。计算问题所需的资源总是与问题的规模有关。以 n 表示输入的大小，如描述输入所需的比特数等，以衡量计算问题的规模。用 $T(n)$ 表示完成输入尺度为 n 的计算问题所需的时间（步骤数）。计算复杂性要考查 $T(n)$ 如何随 n 的增加而增长。计算问题中两种常见的 $T(n)$ 类型为：

（1）对于一个计算问题，如果能找到正数 k 和 p，使得对任意 n，都满足 $T(n) \leqslant kn^p$，则说该计算问题可以在多项式时间内完成，称之为多项式时间的计算问题。

（2）对于一个计算问题，如果能找到正数 $k>1$ 和 $c>1$，使得对任意 n，都满足 $T(n)>kc^n$，则说该计算问题需要指数时间来完成，称之为指数时间的计算问题。

在计算机科学中，可以在多项式时间内完成的计算问题被认为是易解的（tractable，feasible），需要指数时间才能完成的问题则认为是难解的（intractable，infeasible）。

多项式时间与指数时间的差异在于当 n 增加时，指数增长比多项式增长快得多。对某些多项式时间问题，当 n 很大时，即使当前计算能力无力解决，但依据摩尔定律，可以在几年后拥有这样的能力。可是对指数时间问题，一旦 n 增加到超出目前所能处理的能力，即使 n 再增加一点点（例如增加一位），也会产生一个更加困难的问题，在可预见的未来都不太可能被解决。

在计算复杂性理论中，把可以在多项式时间内求解的问题，归为计算类 P；把可以在多项式时间内验证其解的问题，归为计算类 NP。在多项式时间内可解的问题，当然也可以被验证，因此，P 是 NP 的子集，即 P⊆NP。反过来，NP 中是否有不属于 P 的问题，至今未有证明。

多项式时间内用经典算法能求解的问题用 P 表示，而多项式时间内用量子算法能求解的问题则用 QP 表示。以上所指的时间复杂性，是指求解的步骤数。但在 Deutsch 问题中，选择查询次数作为时间复杂性的度量。因此，Deutsch‐Jozsa 问题不属于 P 类，却属于 QP 类。

我们再考查 Deutsch‐Jozsa 算法。用经典算法在最坏的情况，需要查询 $2^{n-1}+1$ 次才能确定其解。例如，$n=10$，那么是否需要查询 513 次才能确定其解？事实上，我们查询 k 次，当 f 是常数函数时，k 次得到相同 f 值的概率为 1；当 f 是平衡函数时，k 次得到相同 f 值的概率为 $\left(\dfrac{1}{2}\right)^{k-1}$，其值随 k 按指数下降。这意味着，一旦 k 次查询得到相同 f 值，就判断 f 为常数函数，即使有误，出错的概率也随 k 而急剧减小。因此，经典算法可通过 $k=O\left(\log\dfrac{1}{\varepsilon}\right)$ 次查询而将出错概率减小到低于 ε。例如：要求出错概率小于 0.001，于是，不论 n 多大，最多只需要查询 11 次即可。在查询过程中，只要得到一个不同 f 值，就断定该函数是平衡函数；如果 11 次查询结果都相同，则判断该函数是常数函数，其出错概率小于所设定的界（$\varepsilon=0.001$）。

一定的误差概率范围内，在多项式时间内用经典算法能求解的问题，我们用 BPP（有界误差概率多项式时间）表示；而一定的误差概率范围内，在多项式时间内用量子算法能求解的问题，我们用 BQP 表示。

第十讲　量子搜索算法

量子算法是量子计算机的"大脑",设计新型的、实用的量子算法是推动量子计算进展的关键。从本讲起我们将研究三个具有颠覆性意义的量子算法:①Grover量子搜索算法,②Shor因式分解算法,③解大型线性方程组的HHL算法。

10.1　Grover量子搜索算法

在大数据时代,有效地检索巨型的数据库是很重要的任务。Grover提出的量子搜索算法可以大大加快数据搜索的速度。

● 搜索问题

对一个包含 N 个元素的无结构数据库进行搜索,以访问特定元素。在经典方法中,只能一一检查数据库中每个元素,穷尽可能以找到该元素,因此,尽管问题之解容易识别,却很难找到,这是NP问题的特征。经典算法平均需要查询数据库 $\dfrac{N}{2}$ 次才得到其解,查询复杂度为 $O(N)$ 。Grover的量子搜索算法只需要查询 $O(\sqrt{N})$ 次,就能以极高概率获得其解。这种增速是二次方式的,对于超大规模数据库的搜索问题,增速是显著的。

搜索问题的提法如下。对一个具有 $N=2^n$ 个元素的无结构数据库进行搜索,以访问特定元素。该数据库中元素的索引为 $\{0,1,\cdots,N-1\}$,对应的二进制索引为 $\{0,1\}^n$ 。

Grover算法需要一个识别搜索问题之解的oracle,它包含函数 $f:\{0,1\}^n\to\{0,1\}$, $f(x)$ 定义为

$$f(x)=\begin{cases}1 & (x=x^* \text{ 是解})\\ 0 & (x \text{ 不是解})\end{cases} \tag{10.1}$$

其中,x^* 是解意味着索引 x^* 中存储着要访问的特殊元素。oracle 实现的酉算子 O_f 为

$$| x \rangle | y \rangle \xrightarrow{O_f} | x \rangle | y \oplus f(x) \rangle$$

其中,$| x \rangle (x \in \{0,1,\cdots,N-1\})$ 或 $x \in \{0,1\}^n$ 是索引寄存器,$| y \rangle$ 是辅助比特位。

我们不必关心 oracle 的量子线路组成及工作细节,所关心的是用最少的 oracle 查询次数求出搜索问题之解。

● Grover 算法

Grover 算法可用图 10.1 直观描述。n qubits 索引位 $| x \rangle$ 的初态为 $| 0 \rangle^{\otimes n}$,辅助比特位 $| y \rangle$ 的初态为 $| 1 \rangle$。经 $H^{\otimes n+1}$ 的变换后,产生输入至 oracle 的状态为等权叠加态 $| \psi_0 \rangle$ 与 $| - \rangle$:

$$| \psi_0 \rangle | - \rangle = \frac{1}{\sqrt{N}} \sum_x | x \rangle | - \rangle \tag{10.2}$$

其中,$x \in \{0,1,\cdots,N-1\}$ 或 $x \in \{0,1\}^n$。辅助比特位 $| - \rangle$ 输入 oracle 后,应用相位反冲技术,它将 $f(x^*)=1$ 的信息反冲至索引量子比特上,而辅助位自身始终保持为 $| - \rangle$,所以在图 10.1 中予以省略。

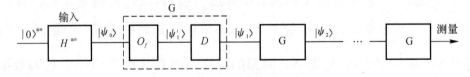

图 10.1　Grover 算法的直观图

Grover 算法由一系列 Grover 迭代的量子子程序 G 所组成。从代数观点,称 G 为 Grover 迭代;而从几何观点,则称 G 为 Grover 旋转。

Grover 迭代由两个酉算子所组成:

$$G = DO_f$$

其中,O_f 为 oracle 算子,D 为扩散(diffusion)算子。O_f 与 D 的作用如下。

(1)oracle 算子 O_f 的作用是识别解 $| x^* \rangle$。将 O_f 作用于输入的等权叠加态 $| \psi_0 \rangle$ 与 $| - \rangle$ 上,可得

$$O_f(| \psi_0 \rangle | - \rangle) = O_f \left[\frac{1}{\sqrt{N}} \sum_x | x \rangle | - \rangle \right]$$

由相位反冲法,得

$$|\psi'_1\rangle = O_f |\psi_0\rangle = \frac{1}{\sqrt{N}} \sum_x (-1)^{f(x)} |x\rangle = \frac{1}{\sqrt{N}} \sum_{x \neq x^*} |x\rangle - \frac{1}{\sqrt{N}} |x^*\rangle$$

$$(10.3)$$

式中,省略了辅助位 $|-\rangle$。

可以看到,O_f 使等权叠加态选择性地翻转某分量的相位,即将解 $|x^*\rangle$ 的概率幅翻转,如图 10.2 所示。尽管 O_f 可以识别解 $|x^*\rangle$,使 $|x^*\rangle$ 的相位翻转,但所有状态的幅值$\left(\frac{1}{\sqrt{N}}\right)$都相同,所以外部测量却无法将 $|x^*\rangle$ 与其他状态区分开来。这意味着 O_f 无法给出解 $|x^*\rangle$,因此,必须把对解 $|x^*\rangle$ 的相位差别转变成幅值差别。

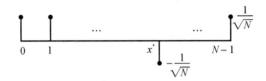

图 10.2 $|x^*\rangle$ 的概率幅翻转

易于证明,O_f 相当于下列酉算子:

$$O_f = I - 2|x^*\rangle\langle x^*| \tag{10.4}$$

(2)扩散算子 D 的作用是给出解 $|x^*\rangle$。为了给出解 $|x^*\rangle$,必须使 $|x^*\rangle$ 的幅值大为放大,而其他状态的幅值相应缩小,这样就能在索引寄存器上对计算基态进行标准测量,以极高的概率得到解 $|x^*\rangle$。Grover 算法中采用了扩散算子 D:

$$D = 2|s\rangle\langle s| - I \tag{10.5}$$

式中,$|s\rangle = \frac{1}{\sqrt{N}} \sum_{z=0}^{N-1} |z\rangle$ 为等权叠加态。

现在研究扩散变换 D 的作用。若将 D 施加到一般状态 $\sum_{x=0}^{N-1} \alpha_x |x\rangle$ 上,则有

$$D\left(\sum_{x=0}^{N-1} \alpha_x |x\rangle\right) = \left(\frac{2}{N}\begin{bmatrix} 1 \\ 1 \\ \vdots \\ 1 \end{bmatrix}\begin{bmatrix} 1 & 1 & \cdots & 1 \end{bmatrix} - I\right)\begin{bmatrix} \alpha_0 \\ \alpha_1 \\ \vdots \\ \alpha_{N-1} \end{bmatrix} =$$

$$\begin{bmatrix} 2\langle\alpha\rangle - \alpha_0 \\ 2\langle\alpha\rangle - \alpha_1 \\ \vdots \\ 2\langle\alpha\rangle - \alpha_{N-1} \end{bmatrix} = \begin{bmatrix} \langle\alpha\rangle + (\langle\alpha\rangle - \alpha_0) \\ \langle\alpha\rangle + (\langle\alpha\rangle - \alpha_1) \\ \vdots \\ \langle\alpha\rangle + (\langle\alpha\rangle - \alpha_{N-1}) \end{bmatrix} \tag{10.6}$$

式中，$\langle \alpha \rangle = \dfrac{1}{N} \displaystyle\sum_{x=0}^{N-1} \alpha_x$ 是各 α_x 的均值。D 有时称为关于均值的反演运算（inversion about mean）。由式（10.6）知，扩散变换运算通过概率幅与均值的差值来调节概率幅。事实上，我们有概率幅在 D 作用下的差分方程为

$$\alpha_x(k+1) = \langle \alpha \rangle + [\langle \alpha \rangle - \alpha_x(k)] \tag{10.7}$$

式中，$\alpha_x(k)$、$\alpha_x(k+1)$ 分别为 D 运算前、后的概率幅。观察图 10.2，由于存在负概率幅，均值 $\langle \alpha \rangle$ 必小于正概率幅。再由式（10.7）知，正概率幅值将缩小，而负概率幅值将放大但转正值。经下一轮 $G = DO_f$ 的作用，转正值的概率幅又翻转为负概率幅。因此，经过多轮 Grover 迭代，正概率幅将逐渐缩小而趋于零，而负概率幅的幅值将大为放大。Grover 算法就是反复应用 Grover 迭代，使解 $|x^*\rangle$ 的概率幅值增大而逐渐趋于 1，而非解 $|x\rangle (x \neq x^*)$ 的概率幅值减小而逐渐趋于零。Grover 迭代直到索引寄存器 $|x\rangle$ 处于这样的状态：对它的标准测量会以很高的概率给出 $|x^*\rangle$。

我们观察图 10.1，经第一轮 oracle 作用后，状态 $|\psi'_1\rangle$ 为式（10.3），其概率幅的均值为

$$\langle \alpha \rangle = \frac{1}{\sqrt{N}} \frac{N-2}{N} = \frac{1}{\sqrt{N}}\left(1 - \frac{2}{N}\right)$$

经 D 作用后，状态 $|\psi_1\rangle$ 为

$$|\psi_1\rangle = \frac{1}{\sqrt{N}}\left(1 - \frac{4}{N}\right)\sum_{x \neq x^*}|x\rangle + \frac{1}{\sqrt{N}}\left(3 - \frac{4}{N}\right)|x^*\rangle$$

再经第二轮 oracle 作用后，$|x^*\rangle$ 概率幅翻转，状态 $|\psi'_2\rangle$ 为

$$|\psi'_2\rangle = \frac{1}{\sqrt{N}}\left(1 - \frac{4}{N}\right)\sum_{x \neq x^*}|x\rangle - \frac{1}{\sqrt{N}}\left(3 - \frac{4}{N}\right)|x^*\rangle$$

$|\psi'_2\rangle$ 的概率幅的均值为

$$\langle \alpha \rangle = \frac{1}{\sqrt{N}}\left(1 - \frac{8}{N} + \frac{8}{N^2}\right)$$

经 D 作用后，状态 $|\psi_2\rangle$ 为

$$|\psi_2\rangle = \frac{1}{\sqrt{N}}\left(1 - \frac{12}{N} + \frac{16}{N^2}\right)\sum_{x \neq x^*}|x\rangle + \frac{1}{\sqrt{N}}\left(5 - \frac{20}{N} + \frac{16}{N^2}\right)|x^*\rangle$$

如此反复。现取 $N = 2^6 = 64$，可得

$$| \psi_0 \rangle = 0.1250 \sum_{x \neq x^*} | x \rangle + 0.1250 | x^* \rangle$$

$$| \psi_1 \rangle = 0.1172 \sum_{x \neq x^*} | x \rangle + 0.3672 | x^* \rangle$$

$$| \psi_2 \rangle = 0.1021 \sum_{x \neq x^*} | x \rangle + 0.5863 | x^* \rangle$$

从具体数值上可看到扩散算子 D 的作用。

应当指出,式(10.5)的扩散算子 D 在量子计算机中是用下列方法实现的:

$$D = 2 | s \rangle \langle s | - I = H^{\otimes n} (2 | 0 \rangle \langle 0 | - I) H^{\otimes n}$$

这里,我们用到了性质 $H^{\otimes n} H^{\otimes n} = I$,以及

$$| s \rangle = H^{\otimes n} | 0 \rangle = \frac{1}{\sqrt{2^n}} \sum_{x=0}^{2^n - 1} | x \rangle$$

而 $(2 | 0 \rangle \langle 0 | - I)$ 在量子计算机上用执行条件相移来实现,条件相移是使 $| 0 \rangle$ 以外的每个计算基态获得 -1 的相位移动:

$$| 0 \rangle \rightarrow | 0 \rangle$$

$$| x \rangle \rightarrow - | x \rangle, \quad x \in \{1, 2, \cdots, 2^n - 1\}$$

以上从代数观点给出了 Grover 迭代的原理,下节从将几何观点给出 G 迭代的几何图像(G 旋转),并计算所需的迭代次数。

10.2 Grover 算法的几何图像

● 几何图像

Grover 迭代中式(10.4)的 oracle 算子 O_f 和式(10.5)的扩散算子 D 是旋转变换。设 $| x^* \rangle$ 为搜索问题之解,$| x^* \rangle^{\perp}$ 是 $| x^* \rangle$ 的正交补空间。任意状态向量 $| \psi \rangle$ 可唯一地表示为

$$| \psi \rangle = \alpha | x^* \rangle + \beta | x^* \rangle^{\perp} \tag{10.8}$$

式中,α, β 分别是状态 $| \psi \rangle$ 在解向量 $| x^* \rangle$ 及其正交解空间 $| x^* \rangle^{\perp}$ 上的投影,$| \alpha |^2 + | \beta |^2 = 1$。$O_f$ 对 $| \psi \rangle$ 作用,可得

$$O_f | \psi \rangle = (I - 2 | x^* \rangle \langle x^* |)(\alpha | x^* \rangle + \beta | x^* \rangle^{\perp}) = -\alpha | x^* \rangle + \beta | x^* \rangle^{\perp}$$

比较上式与式(10.8)可知,对于状态向量 $| \psi \rangle$,O_f 实施了一次相对于 $| x^* \rangle^{\perp}$ 的镜面反射变换。

同样,设等权叠加态 $| s \rangle$ 的正交补空间为 $| s \rangle^{\perp}$。任意状态向量 $| \psi \rangle$ 可唯一地

表示为

$$|\psi\rangle = a|s\rangle + b|s\rangle^\perp \qquad (10.9)$$

式中，a、b 分别是状态 $|\psi\rangle$ 在 $|s\rangle$ 及其正交补空间 $|s\rangle^\perp$ 上的投影，$|a|^2 + |b|^2 = 1$。D 对 $|\psi\rangle$ 作用，可得

$$D|\psi\rangle = (2|s\rangle\langle s| - I)(a|s\rangle + b|s\rangle^\perp) = a|s\rangle - b|s\rangle^\perp$$

比较上式与式(10.9)可知，对于状态向量 $|\psi\rangle$，D 实施了一次相对于 $|s\rangle$ 的镜面反射变换。

　　下面我们形象地用两维平面上的单位圆来描述搜索向量 $|\psi\rangle$ 在 O_f 与 D 作用下的演变图像(见图 10.3)。图中，初始搜索向量 $|\psi_0\rangle$ 是等权叠加态，与 $|s\rangle$ 重合。在 oracle 算子 O_f 作用下变换为 $|\psi_1'\rangle = O_f|\psi_0\rangle$，$|\psi_1'\rangle$ 是 $|\psi_0\rangle$ 相对于 $|x^*\rangle^\perp$ 的镜面反射。接着，$|\psi_1'\rangle$ 在扩散算子 D 作用下变换为 $|\psi_1\rangle = D|\psi_1'\rangle$，$|\psi_1\rangle$ 是 $|\psi_1'\rangle$ 相对于 $|s\rangle$ 的镜面反射。依此类推，可以获得搜索向量在各轮 $G = DO_f$ 作用下的演变。

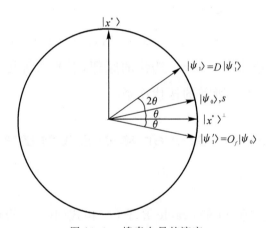

图 10.3　搜索向量的演变

　　对于式(10.8)的搜索向量 $|\psi\rangle$，其概率幅 α 或 β 可以描述它靠近解向量 $|x^*\rangle$ 的程度：$|a|$ 越大，$|\psi\rangle$ 就越靠近 $|x^*\rangle$。对于初始搜索向量 $|\psi_0\rangle$，可以定义：

$$|\psi_0\rangle = \sin\theta|x^*\rangle + \cos\theta|x^*\rangle^\perp$$

式中，θ 为 $|\psi_0\rangle$ 与 $|x^*\rangle^\perp$ 之间的夹角，而

$$\sin\theta = \langle x^*|\psi_0\rangle = \frac{1}{\sqrt{N}}$$

对于较大的 $N = 2^n$，有 $\theta \approx \dfrac{1}{\sqrt{N}}$。于是，由图 10.3 可见，在第一轮 $G = DO_f$ 作用下，初始搜索向量 $|\psi_0\rangle$ 旋转 2θ 角度至 $|\psi_1\rangle$。依此类推，每一轮 $G = DO_f$ 的作用，使搜

索向量旋转 2θ 角度,从而越加靠近向量 $|x^*\rangle$。

● Grover 迭代数的估计

经过任意 j 轮迭代后,搜索向量的状态是

$$|\psi_j\rangle = G^j |\psi_0\rangle = \sin\overline{(2j+1\theta)} |x^*\rangle + \cos\overline{(2j+1\theta)} |x^*\rangle^\perp$$

如果迭代 k 轮之后,$|\psi_k\rangle$ 非常接近于解向量 $|x^*\rangle$,亦即 $\sin\overline{(2k+1\theta)} \approx 1$,则迭代过程必须停止。满足该条件的最小正整数 k 应由下列关系确定:

$$(2k+1)\theta \approx \frac{\pi}{2}$$

这意味着

$$k = \mathrm{round}\left(\frac{\pi}{4\theta} - \frac{1}{2}\right)$$

式中,round 表示最接近的正整数。由于,$\theta \approx \dfrac{1}{\sqrt{N}}$,因此在 Grover 算法中所需迭代数为

$$k = \mathrm{round}\left(\frac{\pi}{4}\sqrt{N} - 0.5\right) = O(\sqrt{N})$$

Grover 算法的最后一步是在计算基态上进行标准测量,给出结果 $x = \bar{x}$。我们还要利用 oracle 检验所得解是否正确:如果 $f(\bar{x}) = 1$,则检验通过,$x = \bar{x}$;如果 $f(\bar{x}) = 0$,则 $x \neq \bar{x}$,还需要从头开始重复 Grover 算法的计算。

Grover 算法属于概率算法,其成功概率不是 100%,而是非常接近 100%。事实上,Grover 算法失败的概率为

$$p(x \neq x^*) = \cos^2\overline{(2k+1\theta)}$$

其中,$\theta \approx \dfrac{1}{\sqrt{N}}$。根据 round 的定义,有

$$\frac{\pi}{2} - \theta \leqslant (2k+1)\theta \leqslant \frac{\pi}{2}$$

于是

$$p(x \neq x^*) = \cos^2\overline{(2k+1\theta)} \leqslant \cos^2\left(\frac{\pi}{2} - \theta\right) = \sin^2\theta = \frac{1}{N}$$

这意味着,Grover 算法的失败概率以 $\dfrac{1}{N}$ 方式衰减。

结论是:Grover 算法可以以 $O(1)$ 的成功率,在 $O(\sqrt{N})$ 次操作($G = DO_f$)之内搜索到解 x^*。

10.3　Grover 算法的推广与应用

● 多搜索解的 Grover 算法

我们把单搜索解的 Grover 算法推广到多搜索解的情况。设对一个具有 $N = 2^n$

个元素的数据库进行搜索,以访问 M 个特定元素。识别搜索解的 oracle 所包含的函数 $f:\{0,1\}^n \to \{0,1\}$,其定义为

$$f(x) = \begin{cases} 1 & (x \text{ 是解}) \\ 0 & (x \text{ 非解}) \end{cases} \tag{10.10}$$

多搜索解的 Grover 算法与单搜索解情况完全相同,算法的直观描述如图 10.1 所示。

设搜索向量为 $|\psi\rangle$,其初始状态为等权叠加态 $|\psi_0\rangle$:

$$|\psi_0\rangle = \frac{1}{\sqrt{N}} \sum_x |x\rangle = \frac{1}{\sqrt{N}} \left(\sum_{x\text{是解}} |x\rangle + \sum_{x\text{非解}} |x\rangle \right) \tag{10.11}$$

式中,$\sum_{x\text{是解}} |x\rangle$ 是所有的解之叠加,$\sum_{x\text{非解}} |x\rangle$ 是所有的非解之叠加。

Grover 算法由一系列迭代(旋转)所组成:$G=DO_f$。其中,oracle 算子 O_f 的作用是按式(10.10)识别解,并通过相位反冲方法,使搜索向量中解 $|x\rangle$ 的概率幅翻转;扩散算子 D 的作用是增大解 $|x\rangle$ 的概率幅之幅值,减小非解 $|x\rangle$ 的概率幅之幅值。Grover 算法经过足够轮迭代(旋转),解 $|x\rangle$ 的概率幅之幅值大为增大,而非解 $|x\rangle$ 的概率幅之幅值趋于零。于是,在索引寄存器上对计算基态进行标准测量时,将以很高的概率给出一个搜索解。

通过几何图像可以帮助我们更好地理解 Grover 旋转。引入状态空间中的两个归一化状态:

$$|\alpha\rangle = \frac{1}{\sqrt{N-M}} \sum_{x\text{非解}} |x\rangle, \quad |\beta\rangle = \frac{1}{\sqrt{M}} \sum_{x\text{是解}} |x\rangle$$

显然,这两个状态是正交的。状态空间可以看成由 $|\alpha\rangle$ 和 $|\beta\rangle$ 所张成的向量空间。于是式(10.11)的初始搜索向量 $|\psi_0\rangle$ 可表示为

$$|\psi_0\rangle = \sqrt{\frac{N-M}{N}} |\alpha\rangle + \sqrt{\frac{M}{N}} |\beta\rangle \tag{10.12}$$

进一步定义:

$$\cos\theta = \sqrt{\frac{N-M}{N}}, \quad \sin\theta = \sqrt{\frac{M}{N}} \quad \left(0 \leqslant \theta \leqslant \frac{\pi}{2}\right)$$

因此,式(10.12)的初始搜索向量 $|\psi_0\rangle$ 可进一步表示为

$$|\psi_0\rangle = \cos\theta |\alpha\rangle + \sin\theta |\beta\rangle \tag{10.13}$$

同样,每一轮 $G=DO_f$ 的作用是使搜索向量旋转 2θ 角度。经过任意 j 轮迭代后,搜索向量的状态是

$$| \psi_j \rangle = G^j | \psi_0 \rangle = \cos\overline{(2j+1\,\theta)} | \alpha \rangle + \sin\overline{(2j+1\,\theta)} | \beta \rangle$$

Grover 算法所需迭代数为

$$k = \mathrm{round}\left(\frac{\pi}{4\theta} - \frac{1}{2} \right)$$

对于多搜索解情况，一般 $1 \leqslant M \ll N$，所以 $\theta \approx \sqrt{\dfrac{M}{N}}$。因此，Grover 算法所需迭代数为

$$k = \mathrm{round}\left(\frac{\pi}{4} \sqrt{\frac{N}{M}} - 0.5 \right) = O\left(\sqrt{\frac{N}{M}} \right)$$

● 幅值放大(amplitude amplification)

Grover 算法运用了一系列典型的量子算法技巧，如 oracle 实现函数 $f:\{0,1\}^n \rightarrow \{0,1\}$ 的酉算子方法、反冲的相位翻转方法以及扩散算子的均值反演运算等。这些技术的集成，不仅可以解决搜索问题，也可以解决一系列类似问题。幅值放大就是 Grover 搜索算法的推广，是一个很有用的方法。

一般而言，设一个 oracle 实现函数 $f:\{0,1\}^n \rightarrow \{0,1\}$，该函数 f 可以识别序列 $x \in \{0,1\}^n$，属于"良好"(Good)子集 $G = \{x \mid f(x) = 1\}$，或者"不良"(Bad)子集 $B = \{x \mid f(x) = 0\}$。我们的任务是从 G 子集中采样，并测量输出"良好"序列。换言之，我们需要在索引寄存器上对计算基态进行标准测量，以很高概率得到"良好"序列。

实际上这就是多搜索解的 Grover 算法问题，G 与 B 子集分别就是搜索解集合与非搜索解集合。同样，可把状态空间 $\mathcal{H}$ 划分为两个正交互补的子空间：$\mathcal{H} = \mathcal{H}_g \oplus \mathcal{H}_b$，其中，$\mathcal{H}_g$ 和 $\mathcal{H}_b$ 分别为 G 和 B 子集中的序列向量所张成的子空间，它们是正交互补的。

所谓"良好"子空间 $\mathcal{H}_g$ 是指，它所包含的向量中存在着有价值的信息，需要进行采样并通过测量去获取。为此，必须大大增大这些向量的概率幅值，以增加采样的成功率，这就是"幅值放大"问题。Grover 算法中的扩散算子 D，利用均值反演运算，就是一个"幅值放大"算法。

设状态空间 $\mathcal{H}$ 中任意量子状态 $|\psi\rangle$ 可表示为

$$| \psi \rangle = \alpha_g | \phi_g \rangle + \alpha_b | \phi_b \rangle \tag{10.14}$$

式中，$|\phi_g\rangle$ 和 $|\phi_b\rangle$ 是两个正交状态，而 $|\alpha_g|^2 + |\alpha_b|^2 = 1$。式(10.14)类似于多搜索解 Grover 算法问题中的式(10.12)。"幅值放大"的任务就是通过 Grover 算法，放大概率幅 α_g 的幅值，缩小概率幅 α_b 的幅值。从几何上说，要使量子状态 $|\psi\rangle$ 旋转至

"良好"子空间。

● 非结构化数据库的量子搜索

设一个包含 $N=2^n$ 个元素的数据库,每个元的长度为 l 比特,这些元素标记为 $d_1,\cdots,d_N$。我们希望确定一个特定的 l 比特序列 s 是否在数据库中。现设量子计算机如经典计算机那样,由 CPU 和内存这两个单元组成。CPU 有四个寄存器:①一个初始化为 $|0\rangle$ 的 n qubits 索引寄存器,②一个为 $|s\rangle$ 而始终保持该状态的 l qubits寄存器,③一个初始化为 $|0\rangle$ 的 l qubits 数据寄存器,④一个初始化为 $|-\rangle$ 的辅助位寄存器。CPU 与内存之间的操作为 LOAD(数据从内存装载到 CPU 中)和 STORE(CPU 的数据存储到内存),如图 10.4 所示。

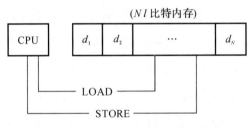

图 10.4 CPU 与内存之间的操作

应指出,量子计算机往往包括两部分:量子部分和经典部分。实践中若允许部分计算以经典方式进行,则其完成某些任务将容易得多,并且抗噪声能力大为增强。图 10.4 所示的CPU–内存框架中,就用经典方式实现量子内存。但与经典内存相比,其有两点不同:

(1) 内存寻址。量子内存由一个索引 x 寻址,x 可以是多重值的叠加,它允许从内存 LOAD 得到多单元值的叠加。

(2) 内存访问。量子内存访问的工作方式是,若 CPU 索引寄存器处于状态 $|x\rangle$,而数据寄存器处于状态 $|d\rangle$,则第 x 内存单元的内容 d_x 被加到数据寄存器上,有 $|d\rangle \rightarrow |d \oplus d_x\rangle$。

实现量子搜索的关键是 oracle 的作用,它必须识别出内存中定位 s 的索引,并翻转该索引的相位。现设 CPU 处于下列状态:

$$|x\rangle\,|s\rangle\,|0\rangle\,|-\rangle$$

应用 LOAD 操作,使 CPU 的状态变为

$$|x\rangle\,|s\rangle\,|d_x\rangle\,|-\rangle$$

将第二和第三寄存器进行比较,如果相同,则 oracle 翻转辅助比特位的相位,并由相位反冲技术,翻转 $|x\rangle$ 的相位;否则,CPU 状态保持不变。这个操作的效果为

$$|x\rangle|s\rangle|d_x\rangle|-\rangle \xrightarrow{O_f} \begin{cases} -|x\rangle|s\rangle|d_x\rangle|-\rangle & (d_x=s) \\ |x\rangle|s\rangle|d_x\rangle|-\rangle & (d_x\neq s) \end{cases}$$

然后,把数据寄存器恢复到状态$|0\rangle$,以备执行下一次 LOAD 操作。

oracle 总的作用是使第二、三、四寄存器不变影响,并与第一寄存器不纠缠。于是,总的效果是,若$d_x=s$,则第一寄存器的状态$|x\rangle$反相;否则寄存器的状态$|x\rangle$不变。利用这样 oracle 的 LOAD 操作,再加上幅值放大技术,经过$O(\sqrt{N})$次 LOAD,就可以确定s在数据库中的位置。而与之对应的经典搜索方式却需要$O(N)$次 LOAD 操作。

● 注记

(1)从控制系统的角度来看 Grover 搜索算法,它有三个部分:传感、调节与执行部分。①oracle O_f 的作用相当于传感部件,它通过计算函数 $f:\{0,1\}^n \to \{0,1\}$,识别搜索状况,并利用相位反冲技术,将识别结果传送至执行部件;②搜索寄存器的作用相当于执行部件,搜索向量$|x\rangle$是该部件的状态;③扩散算子 D 相当于调节部件,其调节方法是使幅值放大的均值反演方法。这三部分经过$O(\sqrt{N})$次闭环循环(Grover 迭代),完成了搜索任务。

(2)Grover 算法也可理解为解下列差分方程:

$$|\psi_{k+1}\rangle = G|\psi_k\rangle = DO_f|\psi_k\rangle$$

初始条件为

$$|\psi_0\rangle = H^{\otimes n}|0\rangle^{\otimes n}$$

式中,$|\psi_k\rangle(k=0,1,\cdots)$是搜索向量。

(3)量子算法的核心部分是 oracle,我们必须针对特定的应用,实际构造出 oracle。有两点必须注意,一是构造 oracle 的消耗(量子门数),二是实施 oracle 操作的步骤数。应指出,Grover 算法仅述及查询复杂性,而算法的步骤数才是时间复杂性的合理度量。

(4)量子计算的巨大威力来自两方面:

1)量子并行性。不仅可以把巨量的信息放在一个叠加态中,更主要的是可以并行操纵这些叠加态。

2)创造性的量子算法。尽管有了量子并行性,但还需要创新的、巧妙的量子算法,而设计出具有颠覆性的量子算法是极其复杂和困难的工作。

(5)Grover 搜索方法的加速虽然没有后面要研究的 Shor 算法那样明显,但其搜索问题的广泛应用性,仍使人们非常关注。举例说,Grover 算法降低了对称密钥算法的安全性。对于 AES - 128 算法,其 128 位的密钥长度具有 2^{128} 种可能性,采用 Grover 算法则仅需搜索 2^{64} 次,相当于将破解 AES - 128 的复杂度降低为 AES - 64 的级别。因此,Grover 算法迫使对称密钥算法增加密钥长度,AES - 256 算法也就出现了。

第十一讲 量子 Fourier 变换及其应用

本讲研究量子 Fourier 变换及其在量子相位估计中的应用，这是量子因式分解和一些重要量子算法的关键部分。

11.1 量子 Fourier 变换

● 离散 Fourier 变换（DFT）

Fourier 变换是物理学、计算机科学等的重要数学工具。对于离散情况的离散 Fourier 变换，它是以 N 维复向量 $(x_0 \quad \cdots \quad x_{N-1})$ 为输入，N 维复向量 $(y_0 \quad \cdots \quad y_{N-1})$ 为输出，如下定义的线性变换：

$$y_k = \frac{1}{\sqrt{N}} \sum_{j=0}^{N-1} x_j \mathrm{e}^{2\pi ijk/N} \quad (k=0,\cdots,N-1)$$

● 量子 Fourier 变换（QFT）

量子 Fourier 变换是离散 Fourier 变换的量子化扩展。在计算基态 $\{|0\rangle,\cdots,|N-1\rangle\}$ 上的量子 Fourier 变换为

$$\text{QFT：} \quad |j\rangle \rightarrow \frac{1}{\sqrt{N}} \sum_{k=0}^{N-1} \mathrm{e}^{2\pi ijk/N} |k\rangle \tag{11.1}$$

式中，$N=2^n$。设 $\omega=\mathrm{e}^{\mathrm{i}\frac{2\pi}{N}}$，则式（11.1）可改写为

$$\text{QFT：} \quad |j\rangle \rightarrow \frac{1}{\sqrt{N}} \sum_{k=0}^{N-1} \omega^{jk} |k\rangle \tag{11.2}$$

更一般地，在状态空间中任意状态的量子 Fourier 变换为

$$\text{QFT：} \quad \sum_{j=0}^{N-1} x_j |j\rangle \rightarrow \sum_{k=0}^{N-1} y_k |k\rangle \tag{11.3}$$

式中，概率幅 $y_0,\cdots,y_{N-1}$ 是通过对概率幅 $x_0,\cdots,x_{N-1}$ 执行离散 Fourier 变换得到的。

由于 $\omega^0 = \omega^N = 1$，式(11.2)的 QFT 的变换矩阵可写为

$$QFT = \frac{1}{\sqrt{N}} \begin{bmatrix} 1 & 1 & 1 & \cdots & 1 \\ 1 & \omega & \omega^2 & \cdots & \omega^{N-1} \\ 1 & \omega^2 & \omega^4 & \cdots & \omega^{N-2} \\ \vdots & \vdots & \vdots & & \vdots \\ 1 & \omega^{N-1} & \omega^{N-2} & \cdots & \omega \end{bmatrix}$$

式中的 $\{1, \omega, \omega^2, \cdots, \omega^{N-1}\}$ 元素实质上是 1 的 N 个 N 次方根，且有 $\omega^{\frac{N}{2}} = -1$（或 $1 + \omega^{\frac{N}{2}} = 0$）。可以证明，上述 QFT 的变换矩阵是酉矩阵，即 QFT 阵的各行（列）向量组成一个正交归一基。

读者不妨自行证明 $N = 2^3$ 时，下列 QFT 的变换矩阵是酉矩阵：

$$QFT = \frac{1}{\sqrt{8}} \begin{bmatrix} 1 & 1 & 1 & 1 & 1 & 1 & 1 & 1 \\ 1 & \omega^1 & \omega^2 & \omega^3 & \omega^4 & \omega^5 & \omega^6 & \omega^7 \\ 1 & \omega^2 & \omega^4 & \omega^6 & 1 & \omega^2 & \omega^4 & \omega^6 \\ 1 & \omega^3 & \omega^6 & \omega^1 & \omega^4 & \omega^7 & \omega^2 & \omega^5 \\ 1 & \omega^4 & 1 & \omega^4 & 1 & \omega^4 & 1 & \omega^4 \\ 1 & \omega^5 & \omega^2 & \omega^7 & \omega^4 & \omega^1 & \omega^6 & \omega^3 \\ 1 & \omega^6 & \omega^4 & \omega^2 & 1 & \omega^6 & \omega^4 & \omega^2 \\ 1 & \omega^7 & \omega^6 & \omega^5 & \omega^4 & \omega^3 & \omega^2 & \omega^1 \end{bmatrix} \tag{11.4}$$

计 算 基 态 $\{|0\rangle, \cdots, |N-1\rangle\}$ 经 QFT 阵 变 换， 所 得 的 向 量 组 $\{f|0\rangle, \cdots, f|N-1\rangle\}$，就是 QFT 阵的各列向量组成的向量组，这也是一个正交归一基，称为 Fourier 基。

逆 Fourier 变换定义为

$$QFT^{-1}: \quad |k\rangle \rightarrow \frac{1}{\sqrt{N}} \sum_{j=0}^{N-1} e^{-2\pi ijk/N} |j\rangle$$

● 实现量子 Fourier 变换的量子线路

既然量子 Fourier 变换是酉变换，因此它可以作为量子计算机上的运算算子，用单量子逻辑门、双量子逻辑门等构造的量子线路来实现。

式(11.1)中的 j, k 在量子线路中都是用二进制数表示，用下列方式标记二进制数：

（1）整数表示：$j = j_1 j_2 \cdots j_n = j_1 2^{n-1} + j_2 2^{n-2} + \cdots + j_n 2^0$

（2）分数表示：$0. j_l j_{l+1}\cdots j_m = 2^{-1}j_l + 2^{-2}j_{l+1} + \cdots + 2^{-(m-l+1)}j_m$

先将 k 用二进制数表示：$k = \sum_{l=1}^{n} k_l 2^{n-l}$，则式（11.1）为

$$f \mid j\rangle = \frac{1}{\sqrt{2^n}} \sum_{k_1,\cdots,k_n=0}^{1} \exp\left(\frac{2\pi ij}{2^n}\right) \sum_{l=1}^{n} k_l 2^{n-l} \mid k_1 \cdots k_n\rangle =$$

$$\frac{1}{\sqrt{2^n}} \sum_{k_1,\cdots,k_n=0}^{1} \exp(2\pi ij) \sum_{l=1}^{n} k_l 2^{-l} \mid k_1 \cdots k_n\rangle$$

将上式展开以形成 n 位的量子门：

$$f \mid j\rangle = \frac{1}{\sqrt{2^n}} \sum_{k_1,\cdots,k_n=0}^{1} \prod_{l=1}^{n} \exp(2\pi ijk_l 2^{-l}) \mid k_l\rangle = \frac{1}{\sqrt{2^n}} \prod_{l=1}^{n} \sum_{k_l=0}^{1} \exp(2\pi ijk_l 2^{-l}) \mid k_l\rangle =$$

$$\frac{1}{\sqrt{2^n}} \prod_{l=1}^{n} (\mid 0\rangle + \exp(2\pi ij 2^{-l}) \mid 1\rangle)$$

最后，将 j 用二进制数表示。注意到 $\frac{j}{2^l} = 0. j_{n-l+1}\cdots j_n$，故可得

$$f \mid j\rangle = \frac{1}{\sqrt{2^n}} [\mid 0\rangle + \exp(2\pi i0. j_n) \mid 1\rangle][\mid 0\rangle + \exp(2\pi i0. j_{n-1}j_n) \mid 1\rangle]\cdots$$

$$[\mid 0\rangle + \exp(2\pi i0. j_1\cdots j_n) \mid 1\rangle] \tag{11.5}$$

以上我们已把 n qubits 整体的 Fourier 变换，分解成 n 个单 qubit 的变换的乘积。乘积形式的量子 Fourier 变换式（11.5）非常有用，甚至可以把它作为量子 Fourier 变换的定义。式（11.5）可以构造出有效计算量子 Fourier 变换的量子线路，如图 11.1 所示。图中，门 R_k 表示如下酉算子，这是一个受控相位门：

$$R_k = \begin{bmatrix} 1 & 0 \\ 0 & \exp\left(\dfrac{2\pi i}{2^k}\right) \end{bmatrix}$$

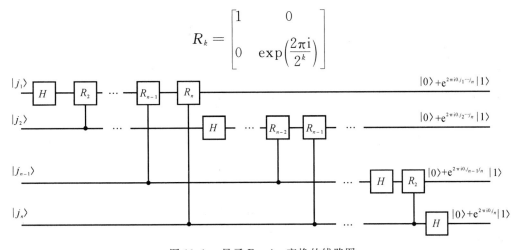

图 11.1　量子 Fourier 变换的线路图

下面研究图11.1的线路作用于计算基态 $|j\rangle=|j_1\cdots j_n\rangle$ 上的过程。在最顶端当 Hadamard 门作用到第一个量子比特 $|j_1\rangle$ 上,产生状态

$$\frac{1}{\sqrt{2}}[|0\rangle+\exp(2\pi i0.j_1)|1\rangle]|j_2\cdots j_n\rangle$$

这是因为当 $j_1=1$ 时,$\exp(2\pi i0.j_1)=-1$;否则为 $+1$。接下来是一系列受控相位门 $R_2,R_3,\cdots,R_n$ 的作用,每一个门都在 $|1\rangle$ 的相位上分别增加 $\frac{\pi}{2},\frac{\pi}{4},\cdots,\frac{\pi}{2^n}$ 的相位。通过这 $n-1$ 个门作用后,其状态为

$$\frac{1}{\sqrt{2}}[|0\rangle+\exp(2\pi i0.j_1j_2\cdots j_n)|1\rangle]|j_2\cdots j_n\rangle$$

对第二个量子比特 $|j_2\rangle$ 执行类似过程,产生状态

$$\frac{1}{2}[|0\rangle+\exp(2\pi i0.j_1\cdots j_n)|1\rangle][|0\rangle+\exp(2\pi i0.j_2\cdots j_n)|1\rangle]|j_3\cdots j_n\rangle$$

对每个量子比特继续这样的操作,得到最后状态为

$$\frac{1}{\sqrt{2^n}}[|0\rangle+\exp(2\pi i0.j_1\cdots j_n)|1\rangle][|0\rangle+\exp(2\pi i0.j_2\cdots j_n)|1\rangle]\cdots$$

$$[|0\rangle+\exp(2\pi i0.j_n)|1\rangle] \tag{11.6}$$

由此可见,除了量子比特的顺序被颠倒之外,式(11.6)的状态与乘积表示的量子 Fourier 变换式(11.5)完全相同。若利用 $O(n)$ 个交换(swap)门,图11.1的量子线路就可以得到正确的顺序。图11.1进一步证明了量子 Fourier 变换的酉性,因为线路图中每个门都是酉的。注意,线路图中未给出每个量子位输出的归一化因子 $\frac{1}{\sqrt{2}}$。

● 量子 Fourier 变换线路的开销

操作每个量子比特都要一个 Hadamard 门;操作 $|j_1\rangle,|j_2\rangle,\cdots,|j_{n-1}\rangle$ 个量子比特分别需要 $n-1,n-2,\cdots,1$ 个受控相位门;为颠倒量子比特顺序,需要 $\lfloor\frac{n}{2}\rfloor$ 个交换门,而 1 个交换门可由 3 个受控非门实现。总的开销为 n 个 Hadamard 门和 $\frac{n(n-1)}{2}+3\lfloor\frac{n}{2}\rfloor$ 个受控门。因此,计算一次量子 Fourier 变换需要 $O(n^2)$ 个基本量子门。由此可见,离散 Fourier 变换可以在量子计算机上有效地完成。

● 注记

(1) 对于 $N=2^n$ 个分量的复向量实施 DFT,用最有效的经典 FFT 变换,需要

$O(n2^n)$ 个基本逻辑门,属于指数级计算问题。若用 QFT 变换,仅需要 $O(n^2)$ 个基本量子门,属于多项式级计算问题。但是,观察式(11.3),首先,我们难以制备一般的初态 $|\psi\rangle = \sum_j x_j |j\rangle$;其次,终态 $|\psi_f\rangle = \sum_k y_k |k\rangle$ 也不容易被观测。事实上,一次标准测量只是简单地以概率 $|y_k|^2$ 给出结果 $|k\rangle$。QFT 是对不可直接测量的量子状态的概率幅所进行的,只有重复多次运行之后,量子状态的概率幅才能以一定的精度被重构。设运行次数为 M,则 $|y_k|^2$ 的估计值为 $\dfrac{M_k}{M}$,这里 M_k 是测量给出结果 $|k\rangle$ 的次数。

(2)上述问题是量子计算的一个典型难题。因此,量子算法实质就是从量子计算机内不可直接测量的量子状态中提取有用信息的有效方法。下面我们会看到量子 Fourier 变换算法发挥指数式效率的关键所在。

(3)值得指出,QFT 门实质上是 Hadamard 门的推广。事实上,单量子比特的 QFT 门正好就是 H 阵。$H^{\otimes n}$ 和 QFT 变换矩阵的主要区别是,QFT 阵的元素通常是复数,它们都是单位 1 的 N 次方复数根;而 $H^{\otimes n}$ 的元素是 1 和 -1,这也是 1 的两个二次方根。

(4)QFT 阵的诸行向量的元素和,有下列性质:

$$\frac{1}{\sqrt{N}} \sum_{k=0}^{N-1} \omega^{jk} = \begin{cases} \sqrt{N} & (j=0) \\ \dfrac{1}{\sqrt{N}} \dfrac{1-\omega^{jN}}{1-\omega^j} = 0 & (j=1,2,\cdots,N-1) \end{cases}$$

这意味着,当 $j=0$ 时,才有相干作用;当 $j=1,2,\cdots,N-1$ 时,只有相消作用。读者可对比 $H^{\otimes n}$ 的情况。

11.2　相 位 估 计

量子 Fourier 变换是相位估计(phase estimation)算法的核心,而相位估计算法又是许多量子算法的关键。

● 相位估计的量子线路图

相位估计问题的提法是,对一个酉算子 U,已知属于其特征值 $\lambda = \exp(2\pi i\varphi)$ 的特征向量 $|u\rangle$,试对特征值中未知相位 φ 进行估计,这里 $0 < \varphi < 1$。

假设我们:① 能制备 $|u\rangle$,② 有一个 oracle 程序,可以实施受控 U^{2^j} 操作

$(C-U^{2^j})$，j 是非负整数。我们希望得到相位 φ 的最佳估计。

图 11.2 为相位估计的量子线路图，它有两个寄存器：① 控制寄存器包含初态为 $|0\rangle$ 的 t 个控制量子比特，t 的选择取决于对 φ 的精度要求；② 目标寄存器是受控 U 作用的系统，该系统的初始态为 $|u\rangle$，它包含存储 $|u\rangle$ 所需的 m 个量子比特。图 11.2 的输出端略去每个量子位的归一化因子 $\dfrac{1}{\sqrt{2}}$。

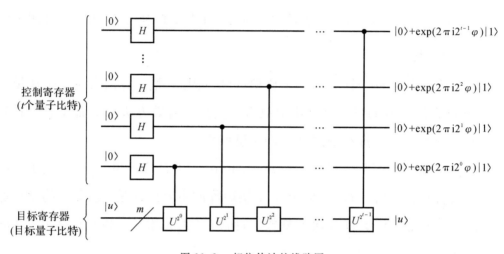

图 11.2　相位估计的线路图

相位估计算法分为三个阶段，第一阶段是通过一系列受控 U 变换，获取包含未知相位 φ 的 Fourier 变换。如图 11.2 所示，首先对控制寄存器上 t 个控制量子比特执行 $H^{\otimes t}$ 操作，使每个控制量子比特状态为：$|0\rangle \xrightarrow{H} |+\rangle$。然后由 oracle 程序，对目标量子比特 $|u\rangle$ 实施受控 U^{2^j} 操作 $(C-U^{2^j})$，$(j=0,1,\cdots,t-1)$。量子门 $C-U^{2^j}$ 对第 $j+1$ 个控制量子比特和目标量子比特 $|u\rangle$ 的作用为

$$C-U^{2^j}\left[\frac{1}{\sqrt{2}}(|0\rangle+|1\rangle)|u\rangle\right]=\frac{1}{\sqrt{2}}(|0\rangle|u\rangle+|1\rangle U^{2^j}|u\rangle) \tag{11.7}$$

由于 $U|u\rangle=\lambda|u\rangle=\exp(2\pi i\varphi)|u\rangle$，$U^{2^j}|u\rangle=\lambda^{2^j}|u\rangle=\exp(2\pi i2^j\varphi)|u\rangle$，式（11.7）为

$$\frac{1}{\sqrt{2}}\left[|0\rangle|u\rangle+|1\rangle\exp(2\pi i2^j\varphi)|u\rangle\right] \tag{11.8}$$

从式（11.8）可以看到，与 Deutsch 算法和 Grover 算法中的"相位反冲技术"类似，oracle 程序将目标寄存器中相位因子 $\exp(2\pi i2^j\varphi)$"反冲"送入控制寄存器相应的控制量子比特上。于是，式（11.8）变为

$$\frac{1}{\sqrt{2}}\big[\,|\,0\rangle + \exp(2\pi\mathrm{i}2^{j}\varphi)\,|\,1\rangle\big]\,|\,u\rangle \tag{11.9}$$

我们可看到,目标寄存器的状态 $|\,u\rangle$ 始终不变,在以下的分析中可以不再关注。

利用式(11.9)的结果,当 $j=0,1,\cdots,t-1$ 时,易知图 11.2 线路的控制寄存器的状态是

$$\frac{1}{\sqrt{2^{t}}}\big[\,|\,0\rangle + \exp(2\pi\mathrm{i}2^{t-1}\varphi)\,|\,1\rangle\big]\big[\,|\,0\rangle + \exp(2\pi\mathrm{i}2^{t-2}\varphi)\,|\,1\rangle\big]\cdots$$
$$\big[\,|\,0\rangle + \exp(2\pi\mathrm{i}2^{0}\varphi)\,|\,1\rangle\big] \tag{11.10}$$

我们回忆乘积形式 QFT 的推导过程,可以发现,只要 $\varphi=\dfrac{j}{2^{t}}$,则式(11.10)就是包含相位 φ 的量子 Fourier 变换:

$$\sum_{y=0}^{2^{t}-1}\exp(2\pi\mathrm{i}\varphi y)\,|\,y\rangle \tag{11.11}$$

相位估计的第二阶段是应用逆 Fourier 变换到控制寄存器。这可以通过反转图 11.1 的量子线路图而达到。反转是指从右至左执行图 11.1 的线路。事实上,这是因为

$$\mathrm{QFT}^{-1}\mathrm{QFT}=I \quad \text{或} \quad \mathrm{QFT}^{\dagger}\mathrm{QFT}=I$$

相位估计的第三阶段是通过在计算基态中的测量,给出控制寄存器的状态,即给出 φ 的相当好的估计。相位估计算法的整体框架如图 11.3 所示。

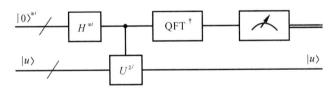

图 11.3　相位估计算法的整体框架

● 相位估计的精度分析

先考虑特殊情况。假设 φ 恰好可以展成 t 比特二进制数:$\varphi=0.\varphi_1\varphi_2\cdots\varphi_t$,则式(11.10)可改写为

$$\frac{1}{\sqrt{2^{t}}}\big[\,|\,0\rangle + \exp(2\pi\mathrm{i}0.\varphi_t)\,|\,1\rangle\big]\big[\,|\,0\rangle + \exp(2\pi\mathrm{i}0.\varphi_{t-1}\varphi_t)\,|\,1\rangle\big]\cdots$$
$$\big[\,|\,0\rangle + \exp(2\pi\mathrm{i}0.\varphi_1\varphi_2\cdots\varphi_t)\,|\,1\rangle\big] \tag{11.12}$$

式(11.12)是乘积形式的量子 Fourier 变换。应用逆 QFT 于式(11.12),则控制寄

存器的输出状态是 $|\varphi_1\varphi_2\cdots\varphi_t\rangle$,在计算基态中的测量可给出精确的 φ 值。

再讨论一般情况。若 φ 不能精确地展成 t 比特的二进制数,则有整数 b,使 $\dfrac{b}{2^t}=0.b_1b_2\cdots b_t$ 是小于 φ 而与 φ 最接近的 t 比特二进制数。于是

$$\varphi=\frac{b}{2^t}+\delta, \quad \left(0<\delta\leqslant\frac{1}{2^t}\right)$$

此处不加证明地指出,若希望近似 φ 到精度 2^{-n},并且以至少 $1-\varepsilon$ 的成功概率测量获得近似 φ,则可以选择控制寄存器的位数 t 为

$$t=n+\left\lceil\log\left(2+\frac{1}{2\varepsilon}\right)\right\rceil \tag{11.13}$$

总之,只要位数 t 足够大,就可以以任意接近于 1 的概率获得相位因子 φ 的最佳 n 比特近似。这意味着,增加位数 t,不仅可以提高相位估计的准确率,而且也会增加算法的成功率。

● 注记

(1) 量子相位估计利用了量子逆 Fourier 变换,它需要 $O(n^2)$ 个基本量子门。再者,只要酉算子 U 可以在量子计算机上有效地分解成基本量子门(即计算 $U|u\rangle$ 所需的基本量子门数目是存储 $|u\rangle$ 所必需的量子比特数 m 的多项式),则量子相位估计的开销是多项式级。因此,量子相位估计与经典相位估计算法相比,在效率上的提高是指数式的。

(2) 量子相位估计(QPE)算法:$|0\rangle\,|u\rangle\xrightarrow{\text{QPE}}|\widetilde{\varphi_u}\rangle\,|u\rangle$,其中,酉算子 U 的特征向量 $|u\rangle$ 所对应的特征值为 $\exp(2\pi\mathrm{i}\varphi_u)$,$\widetilde{\varphi_u}$ 是相位的一个很好的近似。为实现 QPE,特征向量 $|u\rangle$ 作为输入,需要初始制备。但 8.2 节指出,量子状态的初始制备并不容易。为此,我们可以用任意状态 $|\psi\rangle$ 来替代 $|u\rangle$,作为 QPE 的输入。事实上,对于任意状态 $|\psi\rangle$,可以按 U 的特征向量集(正交归一基底)展开,得到 $|\psi\rangle=\sum_u c_u|u\rangle$,其中,$c_u=\langle u|\psi\rangle$。因此,$|\psi\rangle$ 可以视为 U 的特征向量集的一个叠加态。将 QPE 算法作用到任意状态 $|\psi\rangle$ 上,可得

$$|0\rangle\,|\psi\rangle=|0\rangle\sum_u c_u|u\rangle\xrightarrow{\text{QPE}}\sum_u c_u|\widetilde{\varphi_u}|u\rangle$$

可以证明,如果控制寄存器的位数 t 按式(11.13)选择,则 QPE 算法精确到 n 比特,而测量 φ_u 的概率至少是 $|c_u|^2(1-\varepsilon)$。

第十二讲　Shor 算法(1)

12.1　引　　言

量子计算的最重大发现之一是 Shor 算法,它有效地解决了大数因子分解问题,即对一个可分解的正奇数 N,求出它的素数因子。这是经典计算机中典型的难解之题。人们猜测,该问题在经典计算机中属于 NP 类,但不属于 P 类,即容易验证一个给定的数是否是分解的因子,但很难求出这些因子。当今被大量广泛应用的密码系统(如 RSA)就是基于这一猜想。RSA 密码系统问世的 40 多年来,尽管人们努力去寻找一种可以用多项式时间来进行大数分解因子的算法,但是迄今为止的经典算法对输入($n=\log N$)而言是超多项式的。1997 年 Shor 发现了一个量子算法,该算法的运算次数是输入大小的一个多项式,与任何已知的经典算法相比,其速度提高都是指数级的。

量子计算机与密码分析有关的主要成果就是 Shor 算法。一旦在大规模量子计算机上实现了 Shor 算法,就可破解目前大量应用的 RSA 密码系统和其他的公钥密码系统。近年来,量子计算机的进展迅速,有人估计能够破解当前公钥密码体制的大型量子计算机有望在 15～20 年内研制成功。这对有关专业人员来说,是特别要加以关注的。

本讲和第十三讲将研究 Shor 算法的有关问题。Shor 算法涉及较多的数学知识,在 12.2 节中,我们简单介绍有关数论的一些知识。Shor 算法可用于破解 RSA 密码系统,在 12.3 节中也略加介绍 RSA 密码算法。

大多数量子算法(包括 Shor 算法)是量子部分与经典部分的算法的结合。对于 Shor 算法,我们突出介绍其量子部分,即着重研究量子大数因子分解的算法。Shor 算法中将大数因子分解问题约简为求阶问题(order - finding problem),在

13.1 节中首先介绍约简的方法。然后在 13.2 节中,基于量子 Fourier 变换及相位估计算法,解决了求阶问题,从而求解了大数因子分解问题。

在以下的介绍中,不囿于严格的数学推导,而侧重 Shor 算法的具体应用,将在 13.3 节中给出应用简例。

12.2 数论有关知识

数论是一门古老的数学分支,以前都认为它是完全的纯粹数学,但自公钥密码系统体制诞生以来,现代密码学就与数论有着密切的联系。

数论研究自然数集合 $\mathbf{N} = \{0,1,2,\cdots\}$、整数集合 $\mathbf{Z} = \{\cdots,-2,-1,0,1,2,\cdots\}$ 中的元素性质及元素之间的运算关系。

● 素数与合数,最大公因子

对于整数 n,若存在整数 k 使得 $n=dk$,则称 d 整除(除尽)n,记作 $d\mid n$,并称 d 为 n 的因数(因子),n 则称为 d 的倍数。很明显,1 和 n 总是 n 的因数。当 d 不能整除(除不尽)n 时,记作 $d\nmid n$。

素数 p 是大于 1,只有 1 和本身为其因子的整数。非素数的整数称为合数。于是,素数 $2,3,5,7,11,\cdots$ 是集合 N 中的架构因子(基元素)。任一正整数都可唯一地表为素数的乘积,这就是下述的算术基本定理:任意正整数 n 都存在唯一的素因子分解式:

$$n=p_1^{e_1} p_2^{e_2} \cdots p_m^{e_m} \tag{12.1}$$

其中,$e_i \in \mathbf{N}$,p_i 是素数且 $p_1 < p_2 < \cdots < p_m$。式(12.1)称为正整数的标准分解式。

设 a、b 是两个整数,同时为 a 和 b 的因子,称为 a、b 的公因子;a、b 公因子中的最大者,称为 a、b 的最大公因子,记作 $\gcd(a,b)$。如果 a、b 无公因子,即 $\gcd(a,b)=1$,那么称 a、b 互素(互质)。

对于两整数 a、b 的最大公因子,有下述的表示定理:存在两个整数 u 和 v,使得

$$ua+vb=\gcd(a,b) \tag{12.2}$$

理论上,可以利用整数标准分解式(12.1)求 a、b 两个整数的最大公因子,设

$$a=p_1^{e_1} p_2^{e_2} \cdots p_m^{e_m}, \quad b=p_1^{f_1} p_2^{f_2} \cdots p_m^{f_m}$$

则有

$$\gcd(a,b)=\prod_{i=1}^{m} p_i^{\min(e_i,f_i)}$$

式中，$\min(e_i,f_i)$ 表示 e_i、f_i 中的最小者。应用上，当 a、b 较大时，求它们的标准分解式非常困难。我们可以应用下列的 Euclid 算法来求最大公因子。

● Euclid 算法(辗转相除法)

首先指出带余数除法。设 a、b 为两个整数，$b>0$，则存在唯一确定的两个整数 q、r，使得

$$a=bq+r \quad (0\leqslant r<b) \tag{12.3}$$

易于证明，式(12.3)中只要 $r\neq 0$，就有

$$\gcd(a,b)=\gcd(b,r) \tag{12.4}$$

Euclid 算法又称为辗转相除法，它反复实施带余数除法，即

$$a=bq_1+r_1, \quad (0<r_1<b), \qquad \gcd(a,b)=\gcd(b,r_1)$$
$$b=r_1q_2+r_2, \quad (0<r_2<r_1), \qquad \gcd(b,r_1)=\gcd(r_1,r_2)$$
$$r_1=r_2q_3+r_3, \quad (0<r_3<r_2) \qquad \gcd(r_1,r_2)=\gcd(r_2,r_3)$$

$$\cdots\cdots$$

$$r_{n-2}=r_{n-1}q_n+r_n, \quad (0<r_n<r_{n-1}), \qquad \gcd(r_{n-2},r_{n-1})=\gcd(r_{n-1},r_n)$$
$$r_{n-1}=r_nq_{n+1}+r_{n+1}(r_{n+1}=0\ \text{或}\ 1), \qquad \text{算法停止。}$$

Euclid 算法在得到余数 r_{n+1} 为 0 或 1 时停止：

(1) 当 $r_{n+1}=0$ 时，$\gcd(a,b)=r_n$。

(2) 当 $r_{n+1}=1$ 时，$\gcd(a,b)=1$，即 a、b 互素。

利用 Eculid 算法，通过回代，还可以求得最大公因子表示定理[式(12.2)]中的整数 u 和 v。我们举例来说明。

试求 $\gcd(6825,1430)$ 及相应的 u、v。如下所示，右端是回代：

$6825=4\times 1430+1105$ 　　$65=325-2\times 130=325-2(1105-3\times 325)$

$1430=1\times 1105+325$ 　　　　　$=-2\times 1105+7\times 325=-2\times 1105+7(1430-1105)$

$1105=3\times 325+130$ 　　　　　　$=7\times 1430-9\times 1105=7\times 1430-9(6825-4\times 1430)$

$325=2\times 130+65$ 　　　　　　　$=-9\times 6825+43\times 1430$

$130=2\times 65$ 　　　　　　可得，$u=-9,v=43$。

$\gcd(6825,1430)=65$

对于 Euclid 算法的资源消耗，若设 a、b 都可以表示为至多 L 位的比特串，可以证明，Euclid 算法的总消耗为 $O(L^3)$。

● 模算术

模算术（modular arithmatic）又称为余数算术。在数论中，模算术对研究数的性质极其有用；而在现代密码学中，模算术具有举足轻重的地位。

对于任给的整数 x 和 n，x 可以唯一地写成

$$x = kn + r$$

其中，非负整数 k 是 x 被 n 除的结果，余数 $r \in \{0, 1, \cdots, n-1\}$。模算术是只关注余数 r 的普通算术，我们用符号（mod$n$）来表示模算术。余数 r 为

$$x(\text{mod}n) = r \tag{12.5}$$

称之为 x 模 n，或 x 被模 n 约简。图 12.1 是 x 模 n 的示意图，图中 x 丢掉 kn，余下 r，n 是丢掉部分的量化单位。式（12.5）将整数 x 映射到集合 $z_n = \{0, 1, \cdots, n-1\}$ 上，称为模 n 求余运算。若 $a(\text{mod}n) = b(\text{mod}n)$，则两整数 a、b 是模 n 同余，记为 $a \equiv b(\text{mod}n)$。

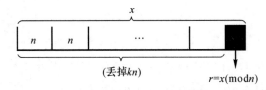

图 12.1　x 模 n 的示意图

集合 z_n 上有两种运算：加法 $+$ 和乘法 $\times$。在 z_n 中的加法和乘法，除了将结果被模 n 约简外，与整数的加法和乘法相同，其定义为

加法：

$$x_1(\text{mod}n) + x_2(\text{mod}n) \equiv (x_1 + x_2)(\text{mod}n) \tag{12.6}$$

乘法：

$$x_1(\text{mod}n) \times x_2(\text{mod}n) \equiv (x_1 \times x_2)(\text{mod}n) \tag{12.7}$$

集合 z_n 也称为模 n 同余类集合。对任意 $a \in z_n$，存在 $b \in z_n$，使得 $a + b \equiv 0(\text{mod}n)$，则称 $b = -a$ 为 a 的加法逆元。很明显，a 的加法逆元 $-a$ 是唯一的。

对任意 $a \in z_n$，当且仅当 a 与 n 互质，即 $\gcd(a, n) = 1$ 时，存在 $b \in z_n$，使得 $ab \equiv 1(\text{mod}n)$，则称 $b = a^{-1}$ 为 a 的乘法逆元。事实上，若 a 有模 n 的乘法逆元 a^{-1}，则有 $aa^{-1} \equiv 1(\text{mod}n)$，即 $aa^{-1} = 1 + kn$，故 $a^{-1}a - kn = 1$。由最大公因子的表示定理式（12.2）知，$\gcd(a, n) = 1$。反之，若 $\gcd(a, n) = 1$，则由式（12.2）知，必存在整数 a^{-1} 和 b，使得 $aa^{-1} + bn = 1$，因此 $aa^{-1} \equiv 1(\text{mod}n)$。

上述证明过程指出，a 的模 n 乘法逆元 a^{-1} 可以通过 Euclid 算法来求得。事实上，若 a、n 互质，则利用 Euclid 算法可找到整数 x、y，使得

$$ax + ny = 1$$

即 $ax = (1-ny) \equiv 1(\bmod n)$，于是 x 就是 a 模 n 的乘法逆元。再者，易于证明，若 b、b' 是 a 模 n 的乘法逆元，则 $b \equiv b'(\bmod n)$，即 a 模 n 的乘法逆元是唯一的。

进一步，易于求解下列线性方程：

$$ax + b \equiv c(\bmod n)$$

事实上，设 a、n 互质，则可由 Euclid 算法求出 a 模 n 的乘法逆元 a^{-1}，进而求出上述方程之解：

$$x \equiv a^{-1}(c - b)(\bmod n)$$

● Euler 函数

Euler 函数在数论中很重要。正整数 n 的 Euler 函数定义为小于 n 且与 n 互素的正整数的个数，记为 $\varphi(n)$。很明显，任意素数 p 的 Euler 函数为 $\varphi(p) = p - 1$。

若 $n = pq$，p、q 都是素数，则在模 n 同余类集合 z_n 中，与 n 不互素的元素集合为 $\{p, 2p, \cdots, (q-1)p\}$ 和 $\{q, 2q, \cdots, (p-1)q\}$ 以及 $\{0\}$，于是 $\varphi(n)$ 为

$$\varphi(n) = pq - [(p-1) + (q-1) + 1] = pq - (p+q) + 1 =$$
$$(p-1)(q-1) = \varphi(p)\varphi(q)$$

● Fermat 定理和 Euler 定理

下面不加证明地给出 Fermat 定理和 Euler 定理，它们在公钥密码体制中有重要的应用。

(1)Fermat 定理：设 p 是素数，a 是任一正整数，则 $a^p \equiv a(\bmod p)$；若 p 是素数，a 是正整数，且 $\gcd(a, p) = 1$，则 $a^{p-1} \equiv 1(\bmod p)$。

(2)Euler 定理：设 a 与 n 互素，则 $a^{\varphi(n)} \equiv 1(\bmod n)$。

● 连分式

在求阶的量子算法中，要对两个有界整数之比的有理数，提取有关整数(阶)r 的信息，这可以采用连分式算法。下面通过实例来说明。

试分解 $\dfrac{31}{13}$ 为连分式。首先将 $\dfrac{31}{13}$ 分拆成整数和分数部分：

$$\frac{31}{13} = 2 + \frac{5}{13}$$

接着将分数部分翻转，得到

$$\frac{31}{13} = 2 + \frac{1}{\dfrac{13}{5}}$$

其次,对 $\dfrac{13}{5}$ 进行分拆和翻转,得到

$$\frac{31}{13} = 2 + \frac{1}{2 + \dfrac{3}{5}} = 2 + \frac{1}{2 + \dfrac{1}{\dfrac{5}{3}}}$$

继续对 $\dfrac{5}{3}$ 进行分拆和翻转,得到

$$\frac{31}{13} = 2 + \frac{1}{2 + \dfrac{1}{1 + \dfrac{2}{3}}} = 2 + \frac{1}{2 + \dfrac{1}{1 + \dfrac{1}{\dfrac{3}{2}}}}$$

连分式分解到此终止,因为 $\dfrac{3}{2} = 1 + \dfrac{1}{2}$,其分子是1而不再需要翻转。于是 $\dfrac{31}{13}$ 的最终连分式为

$$\frac{31}{13} = 2 + \frac{1}{2 + \dfrac{1}{1 + \dfrac{1}{1 + \dfrac{1}{2}}}}$$

由本例可知,任何有理数连分式算法在有限步分拆和翻转后终止。还可以看到,连分式算法实则与 Euclid 算法一致。

12.3　RSA 密码算法

● 公钥密码体制

密码体制从原理上可分为两大类:单钥密码体制和双钥密码体制。单钥体制中的加密密钥与解密密钥相同,故又称为对称密钥密码系统。密码系统的保密性主要取决于密钥的安全性,尤其在互联网应用和大量用户的环境下,密钥管理(密钥产生、分发、存储、销毁等)对传统的对称密码体制产生极大的挑战。这就产生了现代的双钥密码体制。双钥体制中的加密密钥与解密密钥不再相同,用户有一对密钥:一个是可以公开的,称为公钥,用作加密密钥;另一个则是保密的,称为私钥,

用作解密密钥。公钥可以注册公布,任何想要使用的人都可使用,但只有握有私钥的人才能解密。双钥密码系统又称为公钥密码系统。

公钥密码系统中,发送方 A 通过电子邮件或从存储大量公钥的密钥服务器中获取接收方 B 公钥的副本,然后将生成的加密消息发送给 B,B 使用私钥进行解密。这对单点对多点、多点对多点的通信问题而言,避免了私钥的分发。

公钥密码系统的加密、解密算法采用特殊的单向函数来实现。单向函数 $f(x)$ 是指,对于给定输入 x,$f(x)$ 易于计算;反过来从 $f(x)$ 计算 x 却是困难的。例如,大整数分解、离散对数、背包问题等等 NP 问题,都是单向函数。

● RSA 密码算法的步骤

RSA 密码系统是迄今为止理论上最为成熟、应用上最为广泛的公钥密码体制,其安全性是基于计算复杂性理论的论断:求两个大素数的乘积是易解的(多项式问题),但要从两个大素数的乘积分解出其素数因子则是难解的(指数级问题),这是典型的 NP-完全类问题。

RSA 算法的步骤如下:

1. 密钥产生

(1)随机选取两个大素数 p、q,要求 p、q 足够大(例如 200 多位十进制数),p、q 的素性由素性检测法检验。

(2)计算 $N=pq$,及 N 的 Euler 函数 $\varphi(N)=(p-1)(q-1)$。

(3)选择整数 $e[1<e<\varphi(N)]$,使得 $\gcd[\varphi(N),e]=1$,公开 $E=(N,e)$ 作为公钥。

(4)计算 e 在模 $\varphi(N)$ 下的乘法逆元 d,即解 $de=1\mathrm{mod}\varphi(N)$,或 $d\equiv e^{-1}\mathrm{mod}\varphi(N)$,取 $D=(N,d)$ 作为私钥。

2. 加、解密

(1)加密,将明文分组 $m=m_1m_2\cdots m_r$,使 $m_i<N(i=1,2,\cdots,r)$,对每一组明文 m_i 作加密变换:

$$c_i=E(m_i)\equiv m_i^e\mathrm{mod}N$$

(2)解密,对每一组密文 c_i 作解密变换:

$$m_i=D(c_i)\equiv c_i^d\mathrm{mod}N$$

合并各分组得到明文 $m=m_1m_2\cdots m_r$。

下面证明解密过程的正确性。暂且设诸 m_i 与 N 互素,即 $\gcd(m_i,N)=1$。由

于 $de \equiv 1 \bmod \varphi(N)$，故存在某整数 k，使得 $ed = 1 + k\varphi(N)$，于是

$$D(c_i) \equiv c_i^d (\bmod N) \equiv m_i^{ed} (\bmod N) \equiv m_i^{1+k\varphi(N)} (\bmod N) \equiv m_i m_i^{k\varphi(N)} (\bmod N)$$

由 Euler 定理，由于 m_i 与 N 互素，则 $m_i^{\varphi(N)} \equiv 1 (\bmod N)$，于是上式为

$$D(c_i) \equiv m_i$$

如果 m_i 与 N 不互素，也能证明解密过程的正确性，证略。

● 示意例

为加深对 RSA 算法的证明，我们举一个简例，只取很小的两个素数。

(1) 取 $p = 7, q = 17$。

(2) $N = pq = 119, \varphi(N) = (p-1)(q-1) = 96$。

(3) 取 $e = 5 < 96, \gcd(96, 5) = 1$，公开 $E = (119, 5)$ 作为公钥。

(4) 计算 e 的模 $\varphi(N)$ 乘法逆元：$d \equiv e^{-1} \bmod \varphi(N)$，可用 Euclid 算法得到 $77 \times 5 - 4 \times 96 = 1$，于是 $d = 77$，取 $D = (119, 77)$ 作为私钥。

(5) 设明文 $m = 19$，则由加密变换可得

$$c = 19^5 \bmod 119 = 66$$

(6) 由解密变换可得

$$m = 66^{77} \bmod 119 = 19$$

应指出，RSA 的加解密变换都要计算整数的整数次幂，再取模，如 $66^{77} \bmod 119$。对此，我们利用模运算的乘法运算可交换的性质[如式(12.7)]，可得

$$(a \times b) \bmod n = (a \bmod n \times b \bmod n) \bmod n$$

利用上式既可大幅减少繁重的计算，又可使中间结果不超出计算机允许的整数取值范围。

第十三讲　Shor 算法(2)

13.1　因子分解问题约简为求阶问题

RSA 密码系统的安全性是基于大数因子分解的难解性。迄今为止,尚未出现一个在多项式时间内实现因子分解的经典算法。20 世纪末 Shor 等给出了一个量子因子分解算法,该算法的运算次数是输入大小的一个多项式,与任何已知的经典因子分解算法相比,其速度提高是指数级的。Shor 算法在理论上具有颠覆性;在应用上,一旦大规模量子计算机问世,著名的 RSA 系统就不再具有保密性了。

Shor 算法有两大步骤:一是将因子分解问题约简为求阶问题,这是算法的经典部分;二是给出量子求阶算法,这是算法的量子部分,属于多项式时间级的算法。

● 求阶问题的提法

设 N 是要分解因子的正整数,a 是随机选取的一个小于 N 的正整数,且 N、a 互素。我们研究以 N 为模的函数 $f(x) = a^x \bmod N$,$f(x)$ 的值在集合 $z_N = \{0, 1, \cdots, N-1\}$ 中。Euler 定理指出,若 $\gcd(a, N) = 1$,则有 $a^{\varphi(N)} \equiv 1 \bmod N$。于是

$$f[x + \varphi(N)] = a^{x+\varphi(N)} \bmod N = a^x a^{\varphi(N)} \bmod N = f(x)$$

这意味着,$f(x)$ 必是周期函数,但 $\varphi(N)$ 未必是其周期。

求阶问题的提法是:对满足 $a < N$,且 $f(x + r) = f(x)$ 的正整数 a 和 N,a 模 N 的阶定义为最小的正整数 r,使得 $a^r \equiv 1 \bmod N$。求阶问题就是对特定的 N 和 a,确定阶 r。由此可见,a 模 N 的阶 r 可整除 $\varphi(N)$。如果 $r = \varphi(N)$,则称 a 为 N 的本原根。上述问题更一般的表述是,求模 N 的周期函数 $f(x + r) = f(x)$ 的周期 r。

● 因子分解问题向求阶问题的约简

在经典计算上,求因子分解问题事实上等价于求阶问题。这个等价性很重要,因为 Shor 等提出的量子求阶算法可以迅速求解阶 r,从而快速分解因子。以下分三步来证明。

首先证明,对给定的一个正整数 N,若能找到方程 $x^2 = 1\,\mathrm{mod}N$ 的一个非平凡解 $x \neq \pm 1\,\mathrm{mod}N$(即既不满足 $x = 1\,\mathrm{mod}N$,也不满足 $x = N-1 = -1\,\mathrm{mod}N$),那么就可以求出 N 的一个因子。这有下列定理:

设 N 为 L 比特的合数,x 是方程 $x^2 = 1\,\mathrm{mod}N$ 在 $1 \leqslant x \leqslant N$ 内的一个非平凡解 $x \neq \pm 1\,\mathrm{mod}N$,那么 $\gcd(x-1, N)$ 和 $\gcd(x+1, N)$ 中至少有一个是 N 的非平凡因子。这里,非平凡因子可以用 $O(L^3)$ 次运算得到。

事实上,因为 $x^2 = 1\,\mathrm{mod}N$,故 $x^2 - 1 = 0\,\mathrm{mod}N$,即 $(x+1)(x-1) = 0\,\mathrm{mod}N$。于是,$N$ 必整除 $(x+1)(x-1)$,故 N 必与 $x+1$ 或 $x-1$ 有公因子。考虑到 x 的范围和 x 为非平凡解,故 $1 < x < N-1$,从而 $x-1 < x+1 < N$,可知该公因子不可能是 N 本身。可以利用 Euclid 算法计算 $\gcd(x-1, N)$ 和 $\gcd(x+1, N)$,因此可以用 $O(L^3)$ 次运算获得 N 的一个非平凡因子。

其次,随机选择与 N 互素的 y,用 Shor 算法求出 y 模 N 的阶为 r,即 $y^r \equiv 1\,\mathrm{mod}N$。如果阶 r 是偶数,且有 $y^{r/2} \neq 1\,\mathrm{mod}N$,那么 $x \equiv y^{r/2}\,\mathrm{mod}N$ 就是 $x^2 = 1\,\mathrm{mod}N$ 的一个非平凡解。

最后,指出对任意合数 N,若随机选择与 N 互素的 y,y 模 N 的阶为 r,那么可以证明 r 为偶数,且 $y^{r/2} \neq 1\,\mathrm{mod}N$ 的概率是很高的。

综合以上三点结果,可以给出很高概率获取任意合数 N 的一个非平凡因子的算法。这里,除了第二步中求阶的 Shor 量子子程序外,算法的其他步骤都可以在经典计算机上有效执行。

● 示例:$N = 91$ 的因子分解

(1) 随机地在 $1 \sim N-1$ 范围内选择 y,使 $\gcd(y, N) = 1$。我们选择 $y = 4$,$\gcd(4, 91) = 1$。

(2) 求 y 模 N 的阶 r,由 $4\,\mathrm{mod}91 = 4, 4^2\,\mathrm{mod}91 = 16, 4^3\,\mathrm{mod}91 = 64, 4^4\,\mathrm{mod}91 = 74,$ $4^5\,\mathrm{mod}91 = 23, 4^6\,\mathrm{mod}91 = 1$,求得 $r = 6$。

(3) $r = 6$ 是偶数,且 $4^3\,\mathrm{mod}91 = 64 \neq 1\,\mathrm{mod}91$,算法成功。

(4) 计算因子,可得 $\gcd(64-1, 91) = 7$[而 $\gcd(64+1, 91) = 13$,也是因子]。

13.2　Shor 量子求阶算法

设 x 是一个小于 N,与 N 互素的整数,函数

$$f(a) = x^a\,\mathrm{mod}N \tag{13.1}$$

是一个周期函数。Shor 算法试图找到 x 模 N 的阶 r，r 是使下式成立的最小整数：

$$x^r \equiv 1 \bmod N$$

● Shor 算法的具体步骤

（1）随机选择一个小于 N，与 N 互素的整数 x。

（2）建立两个量子寄存器 R_1 与 R_2。R_1 寄存器称为输入寄存器，它存放函数 (13.1) 的自变量 a。R_1 必须有足够的量子位（t 位），以表示任何 $q-1$ 以内的整数，$q = 2^t$ 是给函数 (13.1) 赋值的点数，可选择为 $N^2 \leqslant q \leqslant 2N^2$。$R_2$ 寄存器称为输出寄存器，它存放函数 (13.1) 的函数值 $x^a \bmod N$。R_2 必须有足够的量子位，以表示任何 $N-1$ 以内的整数。R_1 与 R_2 必须相互纠缠（耦合），使得在量子测量中，一个寄存器的坍塌可以使另一个寄存器也同时坍塌。

（3）初始化。起始时，R_1 与 R_2 寄存器的状态 $|\psi_0\rangle$ 为 $|0,0\rangle$。首先对 R_1 的状态初始化，即对其每个量子位应用 Hadamard 变换，这使所有的整数 $a \in [0, q-1]$ 进行等权叠加。初始化完成后，量子寄存器 R_1 与 R_2 的组合状态为

$$|\psi_1\rangle = \frac{1}{\sqrt{q}} \sum_{a=0}^{q-1} |a\rangle |0\rangle$$

（4）oracle 作用。oracle 对 R_1 寄存器中的每个数 a 计算模幂 $x^a \bmod N$，并将计算结果存储在寄存器 R_2 中。由于量子并行性，对所有 a 的模幂 $x^a \bmod N$ 可以在量子计算机上一步完成。这个步骤完成后，量子寄存器 R_1 与 R_2 的组合状态为

$$|\psi_2\rangle = \frac{1}{\sqrt{q}} \sum_{a=0}^{q-1} |a\rangle |x^a \bmod N\rangle$$

（5）测量输出寄存器 R_2。对 R_2 进行量子测量后，R_2 坍塌到输出 $|c\rangle$，$|c\rangle$ 是 r 种状态中的一种，坍塌概率在所有情况下都是相等的。由于输出寄存器 R_2 坍塌为 $|c\rangle$，与 R_2 纠缠（耦合）的输入寄存器 R_1 也坍塌到 $[0, q-1]$ 间的各个 a'，这些 a' 生成 c：

$$x^{a'} \bmod N = c \tag{13.2}$$

注意到函数 (13.1) 是周期函数，其最小周期为其阶 r。所以，满足式 (13.2) 的 a' 共有 $\frac{q}{r}$ 个。测量后量子寄存器 R_1 与 R_2 的状态为

$$|\psi_3\rangle = \frac{1}{\sqrt{q/r}} \sum_{a'} |a'\rangle |c\rangle$$

（6）对输入寄存器 R_1 的状态应用量子 Fourier 变换。我们不加证明地给出，在

QFT 作用于状态$\dfrac{1}{\sqrt{q/r}}\sum_{a'}|a'\rangle$后，$R_1$ 中的状态变换为

$$|\psi_4\rangle = \frac{1}{\sqrt{r}}\sum_{k=0}^{r-1}\exp\left(\frac{2\pi\mathrm{i}a'k}{r}\right)\left|k\,\frac{q}{r}\right\rangle \tag{13.3}$$

$|\psi_4\rangle$ 中不包含已无关紧要的 R_2 的状态。从式(13.3)可知，QFT 使 R_1 的状态在 $\dfrac{q}{r}$ 的倍数处 $k\dfrac{q}{r}(k=0,1,\cdots,r-1)$ 达到概率幅的峰值。从物理概念上说，量子相干性选择了一些特殊的频率，13.3 节的例子将会显示这点。应指出，QFT 是一步完成的。

(7) 测量输出寄存器 R_1。为了获取 r，对含有 r 信息的 R_1 的状态式(13.3)进行测量，这将以相同的概率 $\dfrac{1}{r}$ 给出 r 个可能结果中的一个：$\dfrac{kq}{r}(k=0,1,\cdots,r-1)$。如果用 l 来表示测到的值，则 $\dfrac{l}{q}=\dfrac{\lambda}{r}$，其中 λ 是一个未知整数。若 λ 和 r 无公共因子，则通过连分式方法把 $\dfrac{l}{q}$ 近似为一个不可约分数，就可以得到 λ 和 r。数论指出，这种情况的概率至少是 1/loglog$r$。如果 λ 和 r 有公共因子，则算法失效，必须重新计算。可以证明，在运算 $O(\mathrm{loglog}r)$ 次后，算法成功的概率接近 1。

● 注记

(1)可以把 Shor 量子求阶算法形象地用图 12.2 来表示。

图 13.1　Shor 求阶算法的示意图

(2) Shor 算法中有两个明显的量子特性：

1)量子并行性。包括 oracle 并行计算函数 $f(a)\equiv x^a\bmod N\,(a\in[0,2^t-1])$，以及 QFT 的并行计算和加速作用。这是 Shor 量子求阶算法比经典求阶算法具有指数级加速的关键。

2)量子测量。巧妙地利用量子系统测量的特点，以高概率实现阶 r 信息的成功获取。

(3)Shor 算法的求阶问题在数学上是属于隐含子群问题(Hidden Subgroup Problem，HSP)的特例，其他诸如周期函数的求周期、离散函数、椭圆曲线上的离散对数等问题，也属于 HSP 的实例。HSP 的量子算法的出现，不仅对基于因子分解的 RSA 公钥密码系统，也对基于离散对数的公钥密钥系统等带来潜在的风险。

● 周期函数的量子周期求解法

现在讨论求解周期函数 $f(x) = f(x+r)$ 的周期 r。为简化讨论，考虑 r 整除 $q(\frac{q}{r} = m, m$ 是整数$)$，这里 $q = 2^t$ 是对 $f(x)$ 赋值的点数。建立两个量子寄存器 R_1 和 R_2，分别称为输入寄存器和输出寄存器。R_1 的状态制备为等权叠加态，R_2 存储函数 f，f 由 oracle 计算。于是，量子计算机的状态为

$$\frac{1}{\sqrt{2^t}} \sum_{x=0}^{2^t-1} | x \rangle | f(x) \rangle$$

由于量子并行性，可以在一次运算中计算所有 x 的函数 $f(x)$，并存贮于 R_2 中。完成 $f(x)$ 的计算和存贮后，两个寄存器 R_1 和 R_2 便是纠缠（耦合）的。

接着，我们对 R_2 进行测量，使它坍塌到某一确定的状态 $| f(x') \rangle$。于是，量子计算机的状态为

$$\frac{1}{\sqrt{m}} \sum_{j=0}^{m-1} | x' + jr \rangle | f(x') \rangle \quad (0 \leqslant x' < r-1)$$

式中，$m \doteq \frac{q}{r}$ 是使 $f(x) = f(x')$ 的 x 的数目，而 r 是函数 $f(x)$ 的周期，即 $f(x') = f(x'+r) = \cdots = f(x' + \overline{m-1}r)$。

接下来，我们对 R_1 作量子 Fourier 变换，使 R_1 的状态为

$$\frac{1}{\sqrt{r}} \sum_{k=0}^{r-1} \exp\left(\frac{2\pi i x' k}{r}\right) | k \frac{q}{r} \rangle$$

上式可简写为 $\sum_{l=0}^{r-1} a_l | l \rangle$。

最后，对 R_1 进行测量，这将以同样的概率 $\frac{1}{r}$ 给出 r 可能结果中的一个：$l(l = 0, 1, \cdots, r-1)$，l 是测到之值。于是 $\frac{l}{q} = \frac{\lambda}{r}$，$\lambda$ 是测量所确定的整数。若 λ 和 r 无公因子，则 $\frac{l}{q}$ 简化为一个不可约分数，通过连分式方法，就可得到 λ 和 r。若 λ 和 r 有公因子，则计算失效，必须重新计算。Shor 证明了在运算 $O(\log\log r)$ 次后，算法成功的概率接近 1。

13.3　示　意　例

为加深对 Shor 算法的直观理解，此处举几个简例。

● 例 1：$N = 21$ 的因子分解

（1）随机选择小于 21，且 $\gcd(x, 21) = 1$ 的整数 x，取 $x = 11$。

(2) 确定 R_1、R_2 寄存器的位数。由于

$$21^2 < 2^9 = 512 < 2 \times 21^2$$

取 R_1 寄存器 $t=9$ qubits。因 $N=21$，取 R_2 寄存器为 5 qubits。

(3) 对 R_1 寄存器的每个量子位应用 Hadamard 门变换，经初始化后，R_1、R_2 的组合状态为

$$|\psi_1\rangle = \frac{1}{\sqrt{512}} \sum_{a=0}^{511} |a\rangle |0\rangle$$

(4) oracle 并行计算函数 $f(a) = 11^a \bmod 21$，并将结果存储在 R_2 中。R_1、R_2 的状态为

$$|\psi_2\rangle = \frac{1}{\sqrt{512}} \sum_{a=0}^{511} |a\rangle |11^a \bmod 21\rangle =$$

$$\frac{1}{\sqrt{512}} (|0\rangle |1\rangle + |1\rangle |11\rangle + |2\rangle |16\rangle + |3\rangle |8\rangle + |4\rangle |4\rangle + |5\rangle |2\rangle +$$

$$|6\rangle |1\rangle + |7\rangle |11\rangle + |8\rangle |16\rangle + |9\rangle |8\rangle + |10\rangle |4\rangle + |11\rangle |2\rangle + \cdots) =$$

$$\frac{1}{\sqrt{512}} [(|0\rangle + |6\rangle + \cdots) |1\rangle + (|1\rangle + |7\rangle + \cdots) |11\rangle +$$

$$(|2\rangle + |8\rangle + \cdots) |16\rangle + (|3\rangle + |9\rangle + \cdots) |8\rangle +$$

$$(|4\rangle + |10\rangle + \cdots) |4\rangle + (|5\rangle + |11\rangle + \cdots) |2\rangle]$$

可以看到，本例 $r=6$。R_2 处于以下 6 种状态的叠加态：

$$|1\rangle, |11\rangle, |16\rangle, |8\rangle, |4\rangle, |2\rangle$$

(5) 测量 R_2 寄存器。R_2 将随机坍塌到 6 种状态之一，坍塌的概率在所有情况下都是相等的。由于 R_1 和 R_2 互相纠缠（耦合），所以对 R_2 的测量也会导致 R_1 坍塌到 0 和 511 之间的各个相应状态的等权叠加。设 R_2 坍塌成 $|16\rangle$，则 R_1 将是所有产生 $|16\rangle$ 的 85 项的等权叠加：

$$|\psi_3\rangle = \frac{1}{\sqrt{85}} (|2\rangle + |8\rangle + |14\rangle + \cdots + |506\rangle)) |16\rangle$$

(6) 对 R_1 的状态应用 QFT。注意上式中，R_1 的状态是周期性的，这个周期性中含有阶 r 的信息，它可以通过对 R_1 应用 QFT 来确定。对 R_1 应用 QFT 后的状态为

$$\psi_4\rangle = \frac{1}{\sqrt{6}} (|0\rangle + e^{i\pi/3} |85\rangle + e^{i(2\pi/3)} |170\rangle + e^{i\pi} |255\rangle + e^{i(4\pi/3)} |340\rangle + e^{i(5\pi/3)} |425\rangle$$

（7）测量 R_1 寄存器。这将以相同的概率 $\frac{1}{6}$ 给出 6 个可能的结果中的一个。然后，通过连分式方法，可处理出阶 $r=6$。

（8）计算因子。$r=6$ 是偶数，且 $11^3 \bmod 21 = 8 \neq \pm 1 \bmod 21$，算法成功。可得因子为 $\gcd(8-1,21)=7$，$\gcd(8+1,21)=3$。

● **例 2：$N=15$ 的因子分解**

（1）选择 $x=7$，R_1 寄存器 $t=11$ qubits，R_2 寄存器为 4 qubits。

（2）R_1 上共应用 11 个 Hadamard 门变换，初始化后，R_1、R_2 的状态为

$$| \psi_1 \rangle = \frac{1}{\sqrt{2048}} (| 0 \rangle + | 1 \rangle + \cdots + | 2047 \rangle) | 0 \rangle$$

（3）oracle 并行计算后，R_1、R_2 的状态为

$$| \psi_2 \rangle = \frac{1}{\sqrt{2048}} (| 0 \rangle | 1 \rangle + | 1 \rangle | 7 \rangle + | 2 \rangle | 4 \rangle + | 3 \rangle | 13 \rangle +$$

$$| 4 \rangle | 1 \rangle + | 5 \rangle | 7 \rangle + | 6 \rangle | 4 \rangle + | 7 \rangle | 13 \rangle + \cdots) =$$

$$\frac{1}{\sqrt{2048}} [(| 0 \rangle + | 4 \rangle + \cdots) | 1 \rangle + (| 1 \rangle + | 5 \rangle + \cdots) | 7 \rangle +$$

$$(| 2 \rangle + | 6 \rangle + \cdots) | 4 \rangle + (| 3 \rangle + | 7 \rangle + \cdots) | 13 \rangle]$$

本例中 $r=4$。R_2 处于 $| 1 \rangle$，$| 7 \rangle$，$| 4 \rangle$，$| 13 \rangle$ 等 4 种状态的叠加态。

（4）测量 R_2。设测量得到 $| 4 \rangle$，则 R_1、R_2 的状态为

$$| \psi_3 \rangle = \sqrt{\frac{1}{512}} (| 2 \rangle + | 6 \rangle + \cdots + | 2046 \rangle) | 4 \rangle$$

（5）对 R_1 应用 QFT。R_1 应用 QFT 后的状态为

$$| \psi_4 \rangle = \frac{1}{\sqrt{4}} (| 0 \rangle + i | 512 \rangle - | 1024 \rangle - i | 1536 \rangle)$$

（6）测量 R_1。这将以相同的概率 $\frac{1}{4}$ 给出 $| 0 \rangle$、$| 512 \rangle$、$| 1024 \rangle$、$| 1536 \rangle$ 中的一个。然后通过连分式方法，可处理出阶 $r=4$。

（7）计算因子。$r=4$ 是偶数，且 $7^2 \bmod 15 = 4 \neq \pm 1 \bmod 15$，算法成功。可得因子为 $\gcd(4-1,15)=3$，$\gcd(4+1,15)=5$。

● **例 3：求函数 $f(x)=\frac{1}{2}(\cos \pi x + 1)$ 的周期**

易知，该函数当 x 为偶数时，$f(x)=1$，而当 x 为奇数时，$f(x)=0$，其周期 $r=$

2。下面用量子求阶算法来确定 r。

取赋值点数 $q = 2^3 = 8$，该函数可存储于 1 qubit 的寄存器中。经初始化和 oracle 计算后，系统的状态为

$$|\psi_2\rangle = \frac{1}{\sqrt{8}}(|0\rangle|f(0)\rangle + |1\rangle|f(1)\rangle + \cdots + |6\rangle|f(6)\rangle + |7\rangle|f(7)\rangle) =$$

$$\frac{1}{\sqrt{8}}(|0\rangle|1\rangle + |1\rangle|0\rangle + \cdots + |6\rangle|1\rangle + |7\rangle|0\rangle)$$

测量 R_2，设测量得到 $|0\rangle$，于是系统的状态坍塌为

$$|\psi_3\rangle = \frac{1}{\sqrt{4}}(|1\rangle + |3\rangle + |5\rangle + |7\rangle)|0\rangle$$

对 R_1 的状态应用 QFT 时，我们利用式(11.4)，以直观显示 QFT 的作用，它可使在 $\frac{q}{r}$ 的倍数处达到概率幅的峰值的效应。R_1 应用 QFT 后的状态为

$$|\psi_4\rangle = \frac{1}{2\sqrt{8}}|0\rangle + \omega|1\rangle + \omega^2|2\rangle + \omega^3|3\rangle + \omega^4|4\rangle + \omega^5|5\rangle + \omega^6|6\rangle + \omega^7|7\rangle +$$

$$|0\rangle + \omega^3|1\rangle + \omega^6|2\rangle + \omega|3\rangle + \omega^4|4\rangle + \omega^7|5\rangle + \omega^2|6\rangle + \omega^5|7\rangle +$$

$$|0\rangle + \omega^5|1\rangle + \omega^2|2\rangle + \omega^7|3\rangle + \omega^4|4\rangle + \omega|5\rangle + \omega^6|6\rangle + \omega^3|7\rangle +$$

$$|0\rangle + \omega^7|1\rangle + \omega^6|2\rangle + \omega^5|3\rangle + \omega^4|4\rangle + \omega^3|5\rangle + \omega^2|6\rangle + \omega|7\rangle)$$

注意到 $\omega^4 = -1$(或 $1 + \omega^4 = 0$)，容易验证，在状态 $|1\rangle$，$|2\rangle$，$|3\rangle$，$|5\rangle$，$|6\rangle$ 和 $|7\rangle$ 前的概率幅相互抵消，量子相干性的增强只发生在状态 $|0\rangle$ 和 $|4\rangle$ 的概率幅上。于是上述状态 $|\psi_4\rangle$ 可改写为

$$|\psi_4\rangle = \frac{1}{\sqrt{2}}(|0\rangle - |4\rangle)$$

当对 R_1 进行测量时，将以相同的概率 $\frac{1}{2}$ 得到结果为 0 或 4。在前一种情况下，无法找到函数 $f(x)$ 的周期 r，必须重复计算。在后一种情况下，则 $\frac{l}{q} = \frac{\lambda}{r}$，再通过连分式方法，就可以求得 r。

第十四讲　量 子 仿 真

14.1　引　言

● 量子仿真的含义

当前,许多新医药和新材料的研究已深入微观层面,其中包括对量子模型的动力学行为进行仿真计算。然而,量子系统状态空间的维数随着粒子数的增加而呈指数级增加,一个 n 维的量子多体系统的状态空间是 2^n 维空间。因此,在经典计算机上对量子系统的仿真是极其困难的,也没有有效的算法。另外,由于量子计算机本身也是量子多体系统,一个具有 n qubits 的量子计算机,其状态空间也是 2^n 维的。因此,可以用量子计算机对量子系统进行仿真。量子仿真就是利用量子计算机对量子系统的动力学演化行为进行仿真计算。

为实现量子仿真,我们必须找到有效的量子算法,并且可以从量子计算机提取有用的信息。本讲我们概要地研究这些问题。

● 线性动态系统的解

描述线性时变系统动力学行为的微分方程为

$$\dot{x}(t) = A(t)x(t) + B(t)u(t), \quad x(t_0) = x_0$$

式中, x 是 n 维状态向量, u 是 r 维输入向量, $A(t)$ 是 $n \times n$ 维的状态阵, $B(t)$ 是 $n \times r$ 维的输入阵。

当 A 阵和 B 阵不依赖于时间 t ,即 A 是 $n \times n$ 维定常状态阵, B 是 $n \times r$ 维定常输入阵时,描述线性定常系统动力学行为的微分方程为

$$\dot{x}(t) = Ax(t) + Bu(t), \quad x(t_0) = x_0$$

当输入 $u(t) = 0$ 时,系统自由运动的方程为

$$\dot{x}(t) = Ax(t), \quad x(t_0) = x_0$$

该方程之解为

$$x(t) = e^{At}x_0$$

式中，e^{At} 为矩阵指数函数：

$$e^{At} = I + At + \frac{1}{2!}A^2t^2 + \cdots$$

在经典计算机中，e^{At} 有多种数值计算方法。最直接的方法是取幂级数 $e^{A\Delta t} = \sum_{k=0}^{\infty} (A\Delta t)^k/k!$ 有限项的方法。例如，一阶近似解为

$$x(t + \Delta t) \approx (I + A\Delta t)x(t)$$

上述一阶近似解的精度欠佳。若用高阶近似解，即使是低维矩阵 A，其计算也是"昂贵的"，更何况量子系统一般是高维矩阵 A。因此，必须寻找有效的量子线路（量子算法）来近似实现 e^{At}。

14.2 薛定谔方程的量子仿真

● Hamiltonian 仿真

由第五讲知，所有量子系统的状态 $|\psi\rangle$ 的演化都服从薛定谔方程：

$$i|\dot{\psi}\rangle = H|\psi\rangle, \quad |\psi(t_0)\rangle = |\psi_0\rangle \tag{14.1}$$

式中，H 为系统的 Hamilton 量，是一个 Hermite 阵。若 H 随时间变化，则系统是时变系统；若 H 不依赖于时间，则系统是定常系统。Hamilton 量 H 的组成由具体的量子系统所确定，而 H 的更进一步细致的描述是物理学家的工作。我们只是从抽象的量子比特模型出发，来研究量子仿真算法。因此，我们把 Hamilton 量 H 看作是一个整体的参变量，且假定 H 是定常的。

方程式(14.1)的解为

$$|\psi(t)\rangle = e^{-iHt}|\psi_0\rangle \tag{14.2}$$

H 阵通常很难求，它也许是稀疏阵，但其维数是指数规模。因此，我们要考虑式(14.2)的一阶解：

$$|\psi(t + \Delta t)\rangle \approx (I - iH\Delta t)|\psi(t)\rangle \tag{14.3}$$

这是可解的，因为对许多 Hamilton 量 H，可以直接利用量子门来有效近似 $(I - iH\Delta t)$，但这样的一阶解一般来说很不充分。

薛定谔方程的量子仿真又称为 Hamiltonian 仿真，其确切定义是：一个

n qubits 量子系统的 Hamilton 量 H 能被有效地仿真,当且仅当对任意 $t>0,\varepsilon>0$,存在由 $\mathrm{poly}\left(n,t,\dfrac{1}{\varepsilon}\right)$ 量子门所组成的量子线路 U_H,使得 $\parallel U_H-\mathrm{e}^{-iHt}\parallel<\varepsilon$。这里,$\mathrm{poly}\left(n,t,\dfrac{1}{\varepsilon}\right)$ 指量子门的数目随 $n,t,\dfrac{1}{\varepsilon}$ 的增大呈多项式级的增大。

众多量子机器学习算法以及第十五讲将研究的 HHL 算法,均以 Hamiltonian 仿真为其子程序,一旦大型通用可编程量子计算机问世,就可以在量子计算机上通过量子程序来实现 Hamiltonian 仿真。

● e^{-iHt} 量子计算的一些方法

前面已指出,Hamiltonian 仿真是,已给 Hamilton 算子 H(Hermite 阵),在一定误差要求下,选择多项式级的量子线路,实现酉算子 $U=\mathrm{e}^{-iHt}$。Hamiltonian 仿真不仅用于解薛定谔方程,也是许多量子机器学习算法和 HHL 算法的子程序。

Hamiltonian 仿真的关键挑战是,求解的微分方程数是指数级的。虽然有时通过直观的方法,可以减少方程个数,但对于许多物理上有意义的量子系统,往往无法找到有效的近似方法。另一方面,虽然没有适当的经典算法,却可以用量子算法有效模拟量子系统。

用量子线路对任意 H 阵进行 Hamiltonian 仿真仍是十分困难的,因为任意 H 阵近似分解为基本的单和双量子比特门的组合是一个 NP-hard 问题。然而,我们可以对某些类别的 H 阵,即具有特殊结构的 H 阵,实现 Hamiltonian 仿真。我们简单介绍一些实用的方法。

(1)e^{-iHt} 的解耦计算。Hamilton 量 H 是 Hermite 阵,其特征值全为实数,H 与其本身的特征值为对角线元素的对角矩阵酉相似:

$$U^{\dagger}HU=\mathrm{diag}[H_{jj}]$$

式中,U 是酉阵,即 $U^{-1}=U^{\dagger}$。于是,由归纳法可得

$$(U^{\dagger}HU)^{m}=U^{\dagger}H^{m}U$$

进一步可得 e^{-iHt} 为

$$U^{\dagger}\mathrm{e}^{-iHt}U=\mathrm{e}^{-iU^{\dagger}HUt}=\mathrm{e}^{-i\mathrm{diag}[H_{jj}]t}=\mathrm{diag}[\mathrm{e}^{-iH_{jj}t}]$$

即
$$\mathrm{e}^{-iHt}=U\mathrm{diag}[\mathrm{e}^{-iH_{jj}t}]U^{\dagger} \tag{14.4}$$

由式(14.4)可知,矩阵指数 e^{-iHt} 的计算已解耦为各指数 $\mathrm{e}^{-iH_{jj}t}$ 的计算。

$\mathrm{e}^{-iH_{jj}t}$ 的计算如下,其中用 → 表示一个计算步,以描述状态的变换:

$$|j,0\rangle\rightarrow|j,H_{jj}\rangle\rightarrow\mathrm{e}^{-iH_{jj}t}|j,H_{jj}\rangle\rightarrow\mathrm{e}^{-iH_{jj}t}|j,0\rangle=\mathrm{e}^{-iHt}|j\rangle\otimes|0\rangle$$

其含义是,首先在第二个寄存器中加载 H_{jj},再应用条件相位门 $e^{-iH_{jj}t}$,最后将第二个寄存器重新置零。这一处理过程可以利用量子叠加态而并行处理。

(2) 分解 H 情况下的 e^{-iHt} 计算。大多数物理系统中,Hamilton 量可分解为许多局部相互作用的和的形式:

$$H = \sum_k^L H_k$$

式中,H_k 称为 k 局部 Hamilton 量(k-local Hamiltonian)。先研究 H 分解为两个子系统:$H = H_1 + H_2$。当算子 H_1 与 H_2 可交换时,即当 $H_1 H_2 = H_2 H_1$ 时,可以证明,对所有 t 可得

$$e^{-i(H_1+H_2)t} = e^{-iH_1t}e^{-iH_2t}$$

对于 $H = \sum_k^L H_k$,若对所有的 j 和 k,算子 H_j 与 H_k 可交换时,即当 $H_j H_k = H_k H_j$ 时,则对所有 t 有

$$e^{-iHt} = e^{-iH_1t}e^{-iH_2t}\cdots e^{-iH_Lt}$$

(3) Trotter 公式。量子仿真算法的核心是如下渐近近似定理,称为 Trotter 公式。设 H_1 和 H_2 是 Hermite 算子,则对任意 t 有

$$e^{-i(H_1+H_2)t} = \lim_{m\to\infty} (e^{-iH_1t/m}e^{-iH_2t/m})^m \tag{14.5}$$

事实上,由于

$$e^{-iH_1t/m} = I - \frac{1}{m}iH_1t + O\left(\frac{1}{m^2}\right), \quad e^{-iH_2t/m} = I - \frac{1}{m}iH_2t + O\left(\frac{1}{m^2}\right)$$

因此 $\quad e^{-iH_1t/m}e^{-iH_2t/m} = I - \frac{1}{m}i(H_1+H_2)t + O\left(\frac{1}{m^2}\right) = e^{-i(H_1+H_2)t/m} + O\left(\frac{1}{m^2}\right)$

由上式可导出

$$\lim_{m\to\infty} (e^{-iH_1t/m}e^{-iH_2t/m})^m = \lim_{m\to\infty}\left[e^{-i(H_1+H_2)t} + O\left(\frac{1}{m}\right)\right] = e^{-i(H_1+H_2)t}$$

应指出,式(14.5)即使 H_1 和 H_2 不可交换时也是成立的。

在渐近近似式(14.5)中,设 ε 为仿真所要求的误差:

$$\| e^{-i(H_1+H_2)t} - (e^{-iH_1t/m}e^{-iH_2t/m})^m \|_2 \leqslant \varepsilon$$

可以证明,m 应取为

$$m = O\left[\frac{t^2 \max (\| H_1 \|, \| H_2 \|)^2}{\varepsilon}\right]$$

Trotter 公式可以修改。首先,我们列出 Baker - Campbell - Hausdorff

(BCH)公式：

$$e^{-i(H_1+H_2)\Delta t} = e^{-iH_1\Delta t}e^{-iH_2\Delta t}e^{-[-iH_1,-iH_2]\Delta t^2/2} + O(\Delta t^3) \tag{14.6}$$

这里，$[A,B]$ 是指算子 A 和 B 之间的对易式：

$$[A,B] = AB - BA$$

若 $[A,B]=0$，则 A 和 B 是可交换的。BCH 公式[式(14.6)]还可改写为

$$e^{-i(H_1+H_2)\Delta t} = e^{-iH_1\Delta t}e^{-iH_2\Delta t}e^{[H_1,H_2]\Delta t^2/2} + O(\Delta t^3) \tag{14.7}$$

由 Trotter 公式或由 BCH 公式，还可得

$$e^{-i(H_1+H_2)\Delta t} = e^{-iH_1\Delta t}e^{-iH_2\Delta t} + O(\Delta t^2) \tag{14.8}$$

$$e^{-i(H_1+H_2)\Delta t} = e^{-iH_1\Delta t/2}e^{-iH_2\Delta t}e^{-iH_1\Delta t/2} + O(\Delta t^3) \tag{14.9}$$

对于 $H = \sum_k^L H_k$，则有 Trotter – Suzuki 公式为

$$e^{-i(H_1+\cdots+H_L)t} = \lim_{m\to\infty}(e^{-iH_1t/m}\cdots e^{-iH_Lt/m})^m \tag{14.10}$$

● 注记

(1) 我们归纳一下量子仿真计算问题。

1) 输入：作用在量子系统上的 Hamilton 量 $H = \sum_k H_k$，其中每个 H_k 都作用在独立的小的子系统上；系统在 $t=0$ 时刻的初态 $|\psi_0\rangle$；精度 $\delta > 0$；获得期望状态的时间 t_f。

2) 输出：状态 $|\tilde{\psi}(t_f)\rangle$，使得 $|\langle\tilde{\psi}(t_f)|e^{-iHt_f}|\psi_0\rangle|^2 \geqslant 1-\delta$。

3) 处理：确定算子 $e^{-iH_k\Delta t}$ 的近似量子线路；选择一个近似 Trotter 公式和 Δt，使期望误差满足要求；确定 l，使 $l\Delta t = t_f$；为迭代构造一个相应的量子线路 $U_{\Delta t}$。

4) 执行：

1. $|\tilde{\psi}_0\rangle \leftarrow |\psi_0\rangle$；$j=0$　　　　　　　　　　　// 状态初始化

2. $\to |\tilde{\psi}_{j+1}\rangle = U_{\Delta t}|\tilde{\psi}_j\rangle$　　　　　　　　　　　// 迭代更新

3. $\to j = j+1$，转到(2) 直到 $j\Delta t \geqslant t_f$　　　　　// 循环

4. $\to |\tilde{\psi}(t_f)\rangle = |\tilde{\psi}_f\rangle$　　　　　　　　　　　// 最终结果

(2) 应当指出，具体量子系统的量子仿真，述及量子系统物理模型和各种物理细节。本讲仅是从抽象的量子比特模型出发，介绍量子仿真的一般原理和方法。当然，用量子计算机对量子系统进行量子仿真的方法，也只有在量子领域中才有用武之地。

(3) 一个具有 n 位的量子系统，用经典内存来存贮系统的复参数约需 c^n bits，而

量子计算机可以用 kn qubits 进行仿真，这里 c 和 k 依赖于系统细节和仿真精度的常数。所以，对于医疗、材料和生物等领域中的量子化学问题，经典计算机连中等规模分子问题都很难精确模拟，更不用说超大分子问题。但是量子仿真的瓶颈是测量问题，测量过程使一个 kn qubits 的系统坍塌为一个确定状态，只给出 kn 位信息，而状态中的隐含信息不能全部访问。因此，量子仿真的一个关键问题是，研究有效抽取期望输出的方法。

第十五讲　HHL　算　法

　　我们已经研究了量子计算中三个著名的量子算法——Deutsch‐Jozsa 算法，Grover 搜索算法和 Shor 素因子分解算法，这三个算法是 20 世纪末所出现的。本讲研究量子计算中第四个著名的量子算法——HHL 算法，这是 20 世纪初所出现的。HHL 算法是用以解线性方程组的量子算法。

　　众所周知，在科学与工程几乎所有领域的复杂问题中，解大型线性方程组都是一个基础性任务。解线性方程组（Linear System Problem，LSP）是指：已给矩阵 $A \in \mathbf{C}^{N \times N}$ 和向量 $b \in \mathbf{C}^N$，求解向量 $x \in \mathbf{C}^N$，使得 $Ax = b$，或 $x = A^{-1}b$。LSP 的量子形式 QLSP 为：已给 Hermite 阵 $A \in \mathbf{C}^{N \times N}$，$|b\rangle$ 和 $|x\rangle$ 为 N 维单位向量，使得 $|x\rangle = A^{-1}|b\rangle$。

　　LSP 或 QLSP 问题的实质就是求逆矩阵。之所以要在量子计算机上解逆矩阵，是因为矩阵 A 的维数 N 越来越大。特别是在 AI 与大数据问题中，许多机器学习算法述及的数据量已达 P 级、E 级，甚至 Z 级。我们知道，经典算法中用共轭梯度法解逆矩阵问题，其相对于维数 N 的时间复杂度为 $O(N)$；而 HHL 算法相应的时间复杂度为 $O(\log N)$。这意味着，就维数 N 而言，HHL 算法比共轭梯度法有指数级增速。

　　HHL 算法由 A. Harrow，A. Hassidim 和 S. Lloyd 提出，算法名称取自三人姓氏的首个字母。

　　在 15.1 节中简述研究 HHL 算法所必需的一些线性代数和量子算法的知识；在 15.2 节中给出 HHL 算法的总体框架和计算条件等问题；在 15.3 节中给出 HHL 算法的一些具体计算问题，并给出一些注记。

15.1　预　备　知　识

　　● 线性代数有关知识

　　QLSP 问题中，$A \in \mathbf{C}^{N \times N}$ 是可逆的 Hermite 阵，因此 A 的 N 个特征值 λ_j

$(j=1,2,\cdots,N)$ 均是非零实数。假定 A 的特征谱为

$$\Lambda(A) = \{\lambda_1, \lambda_2, \cdots, \lambda_N\}$$

Hermite 阵 A 与其本身的特征值为对角线元素的对角矩阵酉相似,因此,A 可写为

$$A = \sum_{j=1}^{N} \lambda_j \mid u_j \rangle \langle u_j \mid \qquad (15.1)$$

其中,λ_j 和 $\mid u_j \rangle (j=1,2,\cdots,N)$ 分别为 A 的特征值和对应特征向量。$\{\mid u_1 \rangle, \mid u_2 \rangle, \cdots, \mid u_N \rangle\}$ 组成 $\mathbf{C}^N$ 空间上的正交归一基底组。式(15.1)表明,A 可以写为各特征向量 $\mid u_j \rangle$ 的外积之和,而相应特征值 λ_j 是其幅值。

Hermite 阵 A 的逆矩阵 A^{-1} 也是 Hermite 阵,其特征谱为

$$\Lambda(A^{-1}) = \{\lambda_1^{-1}, \lambda_2^{-1}, \cdots, \lambda_N^{-1}\}$$

同样地,A^{-1} 也可写为

$$A^{-1} = \sum_{j=1}^{N} \lambda_j^{-1} \mid u_j \rangle \langle u_j \mid \qquad (15.2)$$

单位输入向量 $\mid b \rangle$ 在计算基态基底组 $\{\mid 1 \rangle, \mid 2 \rangle, \cdots, \mid N \rangle\}$ 下,可写为

$$\mid b \rangle = \sum_{j=1}^{N} b_j \mid j \rangle \quad (b_j \in \mathbf{C})$$

而在 A 的正交归一基底组 $\{\mid u_1 \rangle, \mid u_2 \rangle, \cdots, \mid u_N \rangle\}$ 下,$\mid b \rangle$ 向量也可写为

$$\mid b \rangle = \sum_{j=1}^{N} \beta_j \mid u_j \rangle \quad (\beta_j \in \mathbf{C}) \qquad (15.3)$$

HHL 算法的目标是解线性方程组:

$$\mid x \rangle = A^{-1} \mid b \rangle$$

将式(15.2)、式(15.3)代入上式,可得

$$\mid x \rangle = A^{-1} \mid b \rangle = \sum_{j=1}^{N} \lambda_j^{-1} \mid u_j \rangle \langle u_j \mid \sum_{k=1}^{N} \beta_k \mid u_k \rangle$$

注意到基底组 $\{\mid u_1 \rangle, \mid u_2 \rangle, \cdots, \mid u_N \rangle\}$ 的正交归一性,可得

$$\mid x \rangle = A^{-1} \mid b \rangle = \sum_{j=1}^{N} \lambda_j^{-1} \beta_j \mid u_j \rangle \qquad (15.4)$$

由式(15.4)可知,HHL 算法的关键问题是求出 A 的诸特征值 λ_j,且取其逆 λ_j^{-1}。

我们知道,对于 Hermite 阵 A,$U = e^{iAt}$ 是酉矩阵,其特征谱为

$$\Lambda(e^{iAt}) = \{e^{i\lambda_1 t}, e^{i\lambda_2 t}, \cdots, e^{i\lambda_N t}\}$$

因此,e^{iAt} 可写为

$$U = \mathrm{e}^{\mathrm{i}At} = \sum_{j=1}^{N} \mathrm{e}^{\mathrm{i}\lambda_j t} \mid u_j \rangle \langle u_j \mid \tag{15.5}$$

可以看到,求 A 的诸特征值 λ_j 问题,转化为求 $\mathrm{e}^{\mathrm{i}At}$ 的相位 $\lambda_j t$ 问题,这可采用 Hamilton 仿真和相位估计等方法。再者,一旦给定了时钟 t,即可求得 λ_j。而在 $\{\mid u_1 \rangle, \mid u_2 \rangle, \cdots, \mid u_N \rangle\}$ 基底组下,有

$$U \mid b \rangle = \sum_{j=1}^{N} \mathrm{e}^{\mathrm{i}\lambda_j t} \mid u_j \rangle \langle u_j \mid \sum_{k=1}^{N} \beta_k \mid u_k \rangle = \sum_{j=1}^{N} \mathrm{e}^{\mathrm{i}\lambda_j t} \beta_j \mid u_j \rangle \tag{15.6}$$

再介绍两个概念。描述矩阵元素稀疏程度的参数有 s-sparse。我们称矩阵 A 是 s-sparse 的,是指 A 的每行(列)中至多有 s 个非零元素。描述可逆阵的求逆计算是否良态(稳定)的参数是矩阵的条件数(condition number)。对 Hermite 的可逆阵 A 而言,其条件数 κ 是 A 的最大与最小特征值之比,即 $\kappa = \dfrac{\lambda_{\max}}{\lambda_{\min}}$。条件数 κ 越大,可逆计算越不稳定,其"良态"越差,甚至是"病态的"。

● 量子算法有关知识

在 11.2 节中我们已研究了基本的量子相位估计问题,这里再给予一些说明。

对于酉矩阵 U,有 $U \mid u_j \rangle = \mathrm{e}^{\mathrm{i}\theta_j} \mid u_j \rangle$,这里 $\theta_j \in [-\pi, \pi]$。$\mathrm{e}^{\mathrm{i}\theta_j}$ 和 $\mid u_j \rangle$ 分别是 U 的特征值和相应的特征向量, $j = 1, 2, \cdots, N$。U 的特征向量集 $\{\mid u_1 \rangle, \mid u_2 \rangle, \cdots, \mid u_N \rangle\}$ 是正交归一向量集。量子相位估计实现下列线性映射:

$$\mid 0 \rangle \mid u_j \rangle \mapsto \mid \tilde{\theta}_j \rangle \mid u_j \rangle$$

式中,$\tilde{\theta}_j$ 是 θ_j 的近似估计值。

应当指出,量子相位估计是线性酉变换,它并不一定需要输入各特征向量 $\mid u_j \rangle$,而可以应用各特征向量的叠加态。事实上,任何量子状态都可以在 U 的特征向量集 $\{\mid u_1 \rangle, \mid u_2 \rangle, \cdots, \mid u_N \rangle\}$ 上进行分解。 如输入向量 $\mid b \rangle$ 可分解为式 (15.3)。因此,量子相位估计的线性映射可以直接应用到式 (15.3) 的状态 $\mid b \rangle$ 上:

$$\mid 0 \rangle \otimes \sum_{j}^{N} \beta_j \mid u_j \rangle \mapsto \sum_{j}^{N} \beta_j \mid \tilde{\theta}_j \rangle \mid u_j \rangle \tag{15.7}$$

式 (15.6) 和式 (15.7) 表明了量子 Hamilton 仿真和量子相位估计均具有并行处理能力。

相位估计算法提供了特征值的量子求解方法,下面介绍的受控旋转算法,提供了特征值之逆的量子求解方法。在 6.1 节中,给出了绕 x、y 和 z 轴的三类受控旋转算子,其中绕 y 轴的旋转算子为

$$e^{-i\theta Y} = \begin{bmatrix} \cos\theta & -\sin\theta \\ \sin\theta & \cos\theta \end{bmatrix}$$

式中,$Y = \sigma_y = \begin{bmatrix} 0 & -i \\ i & 0 \end{bmatrix}$ 是 Pauli Y 矩阵。现设 $\theta \in R$,令 $\tilde{\theta}$ 是 θ 的 d 位近似估值,于是存在一个酉变换 U_θ;

$$U_\theta = \sum_{\tilde{\theta} \in \{0,1\}^d} |\tilde{\theta}\rangle\langle\tilde{\theta}| \otimes \exp(-i\tilde{\theta}Y)$$

使得 $\qquad U_\theta : |\tilde{\theta}\rangle |0\rangle \mapsto |\tilde{\theta}\rangle(\cos\tilde{\theta} |0\rangle + \sin\tilde{\theta} |1\rangle)$

如图 15.1 所示,图中,用 $\tilde{\theta}$ 控制受控旋转门,使其输入向量绕 y 轴旋转 $\tilde{\theta}$ 角。

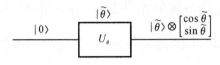

图 15.1　受控旋转门示意图

15.2　HHL 算法的框架

HHL 算法求逆矩阵的思路可用图 15.2 表示。图中,对可逆 Hermite 阵 A,通过 Hamilton 仿真得到酉阵 e^{iAt};再通过相位估计,求得 A 的诸特征值 λ_j;采用受控旋转方法,求得 A 的诸特征值之逆 λ_j^{-1}。

图 15.2　HHL 算法示意图

下面给出实现上述思路的 HHL 算法的框架。

● HHL 算法的三个步骤

HHL 算法有三个步骤:相位估计,特征值取逆旋转和逆相位估计,如图 15.3 所示。图中采用了三个寄存器:输入寄存器 I、时钟寄存器 C 和辅助寄存器 S。寄存器 I 和 C 完成相位估计(包括 Hamilton 仿真)运算,寄存器 S(1 qubit)完成特征值取逆旋转运算。

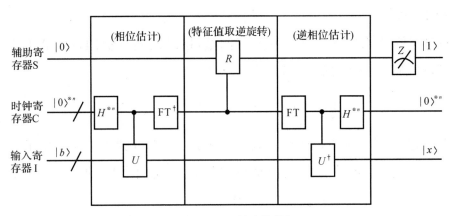

图 15.3　HHL 算法的框架

下面简述算法的工作原理。

第一步对可逆的 Hermite 阵 $A = \sum\limits_j \lambda_i | u_j \rangle \langle u_j |$ 进行 Hamilton 仿真,求出酉阵 e^{iAt};再对 e^{iAt} 进行量子相位估计(QPE),以估计出 A 的诸特征值 λ_j 的近似值 $\tilde{\lambda}_j$,这些运算在寄存器 I 和 C 上进行。基本的量子相位估计可用下列线性映射表达:

$$| 0 \rangle | u_j \rangle \mapsto | \tilde{\lambda}_j \rangle | u_j \rangle$$

对于输入向量 $| b \rangle$,其在 $\{ | u_1 \rangle, | u_2 \rangle, \cdots, | u_N \rangle \}$ 上的分解式为式(15.3),经第一步骤的相位估计后,参看式(15.7),在寄存器 C 和 I 中,系统的状态 $| \psi_1 \rangle$ 为

$$\sum_{j=1}^{N} \beta_j | \tilde{\lambda}_j \rangle^C | u_j \rangle^I$$

这里,诸向量的上标表示向量所在的寄存器。

第二步求出各特征值之逆 $\tilde{\lambda}_j^{-1}$。我们置入辅助量子位 s(1 qubit),以实现 $\tilde{\lambda}_j$ 控制的受控旋转 $R(\tilde{\lambda}_j^{-1})$,用以提取 $\tilde{\lambda}_j^{-1}$ 的信息。寄存器 S 的状态为

$$\left(\sqrt{1 - \frac{C^2}{\tilde{\lambda}_j^2}} | 0 \rangle^S + \frac{C}{\tilde{\lambda}_j} | 1 \rangle^S \right)$$

式中,$\theta = \cos^{-1} \dfrac{C}{\tilde{\lambda}_j}$,$C$ 是使量子状态归一化的标量因子。于是,寄存器 C、I 和辅助量子位中,系统的总状态为

$$\sum_{j=1}^{N} \beta_j | \tilde{\lambda}_j \rangle^C | u_j \rangle^I \left(\sqrt{1 - \frac{C^2}{\tilde{\lambda}_j^2}} | 0 \rangle^S + \frac{C}{\tilde{\lambda}_j} | 1 \rangle^S \right)$$

第三步的逆相位估计无非是将时钟寄存器 C 复位,而系统的总状态为

$$\sum_{j=1}^{N} \beta_j | 0 \rangle^C | u_j \rangle^I \left(\sqrt{1 - \frac{C^2}{\tilde{\lambda}_j^2}} | 0 \rangle^S + \frac{C}{\tilde{\lambda}_j} | 1 \rangle^S \right) \tag{15.8}$$

● 解的测量

我们对系统的总状态式(15.8)进行测量,这可以测量辅助寄存器 $|S\rangle$。若测量到 $|1\rangle^S$,则测量后系统的状态为

$$\alpha \sum_{j=1}^{N} \tilde{\lambda}_j^{-1} \beta_j \mid u_j \rangle^I = \alpha A^{-1} \mid b \rangle = \alpha \mid x \rangle$$

式中,α 是使状态为单位向量的标量因子。于是,我们得到了正比于解的结果。若测量到 $|0\rangle^S$,则需重新计算。我们也可采取幅值放大方法,增大测量到 $|1\rangle^S$ 的概率。

● HHL 算法的计算条件

HHL 算法对 A 阵有一定要求,主要为:

(1)A 是可逆的 Hermite 阵。若 A 不是 H 阵,则令 $M = \begin{bmatrix} 0 & A^{\dagger} \\ A & 0 \end{bmatrix}$,于是 M 是 Hermite 阵。我们可以解方程:$My = \begin{bmatrix} 0 \\ b \end{bmatrix}$,其中,$y = \begin{bmatrix} x \\ 0 \end{bmatrix}$。

(2)A 是稀疏矩阵。要求 A 是 $s - \text{sparse}$,$s \ll N$。事实上,解逆矩阵的经典共轭梯度法对于稀疏程度 s 的时间复杂度为 $O(s)$;而 HHL 算法对于 s 的时间复杂度为 $O(s^2)$。因此,若 s 过大,则 HHL 算法的效率不佳。

(3)A 是"良态"矩阵。我们知道,若 μ 是实数,当 μ 接近于 0 时,计算 μ^{-1} 就存在数值稳定性问题,即对任何 μ 的小的变化,引起 μ^{-1} 的大的变化。因此,为了可靠计算 μ^{-1},要限定 μ 足够大。同样地,在 HHL 算法的特征值求逆运算中,我们对 A 的"良态"(求逆的数值稳定性)也有一定要求。在 15.1 节中已指出,用条件数 κ 来表述矩阵的"良态"性能,κ 越小,求逆的数值稳定性越佳。解逆矩阵的经典共轭梯度法对于条件数 κ 的时间复杂度为 $O(\kappa)$;而 HHL 算法对于 κ 的时间复杂度为 $O(\kappa^2)$。因此,若 κ 过大,则 HHL 算法的效率不佳。

● HHL 算法的时间复杂度

HHL 算法的时间复杂度为 $O\left(\log N s^2 \kappa^2 \dfrac{1}{\varepsilon}\right)$,而共轭梯度法的时间复杂度为 $O\left[N s \kappa \log\left(\dfrac{1}{\varepsilon}\right)\right]$。可以看到,HHL 算法与经典算法相比,在维数 N 上具有指数级优势;在稀疏程度 s 和"良态"程度 κ 上,呈线性级劣势;而在精度 ε 上却存在指数级劣势。

15.3 HHL 算法的一些计算问题

本节给出图 15.3 中有关部分的具体计算方法。

● 输入向量 $|b\rangle$ 的存入, qRAM

为使输入向量 $|b\rangle$ 存入输入寄存器 I 中, 需要一个酉算子 B 和初始状态 $|\text{inital}\rangle$, 使得 $B|\text{inital}\rangle^1 = |b\rangle^1$。$B$ 称为 q RAM(Quantum RAM) oracle, 下面简述 qRAM 的原理。

设实值向量 $x \in \mathbf{R}^N$, 其量子状态为

$$|x\rangle = \frac{1}{\|x\|} \sum_{i=1}^{N} x_i |i\rangle$$

我们研究 $|x\rangle$ 存入 $\lceil \log N \rceil$ qubits 量子寄存器的 qRAM 方法。为方便起见, 可假定 $\|x\|_2 = 1$。

图 15.4 中采用二进制树 B_x 的数据结构方法存入量子状态 $|x\rangle$, B_x 可由一般的量子线路来实现。图中, 从树根开始, B_x 共有 $\lceil \log N \rceil$ 层节点, 相应有 $\lceil \log N \rceil$ 个量子位, 表以 $q_1, q_2, \cdots, q_{\lceil \log N \rceil}$。最下端是树叶, 每个叶片包含分量 x_i 的模二次方及其符号 $\text{sgn}(x_i)$。B_x 树的整体叶片对应总的计算基态向量组, 而叶片 i 则对应基态向量 $|i\rangle$。

直观地说, 向量 $|x\rangle = \sum_i x_i |i\rangle$ 的存入过程, 可以看作把根节点上总概率 $\sum_i x_i^2 = 1$ 通过各层中间节点逐层分配, 直到叶片的过程。

各节点向其两个子节点实施分配的量子线路, 可以采用受控旋转门。对于第 k 层, 其量子比特为 q_k, 其上层的任一节点 u, 具有的概率值设为 $p(u)$, 又设 u_l、u_r 为 u 的下层左、右节点, 其所分配到的概率值分别为 $p(u_l)$、$p(u_r)$, 而 $p(u) = p(u_l) + p(u_r)$。现令

$$\theta = \cos^{-1} \sqrt{\frac{p(u_l)}{p(u)}} = \sin^{-1} \sqrt{\frac{p(u_r)}{p(u)}}$$

在 q_k 上实现由 θ 控制的受控旋转门:

$$|q_k\rangle \leftarrow \cos\theta |0\rangle + \sin\theta |1\rangle$$

上述过程自根节点开始, 经各层中间节点, 直到叶片, 使任意 $|i\rangle$ 位(第 i 个叶片)上存入了 $|x\rangle$ 的第 i 个分量 x_i。事实上, 总概率值从根节点沿分配路径 P_i 到达

叶片 i，$P_i = (u_1, u_2, \cdots, u_{\lceil \log N \rceil})$。每经过一个中间节点要乘上相应的一个因子，并传递 x_i 的符号，于是

$$\widetilde{x}_i = \prod_{k=1}^{\lceil \log N \rceil} \sqrt{\frac{p(u_k)}{p(u_{k-1})}} \operatorname{sgn}(x_i) = \sqrt{\frac{p(u_{\lceil \log N \rceil})}{p(u_0)}} \operatorname{sgn}(x_i) = \sqrt{\frac{x_i^2}{1}} \operatorname{sgn}(x_i) = x_i$$

上式中，u_0 为根节点，每层上的节点 u_k，只标出层级 k，未标出 l、r 端。

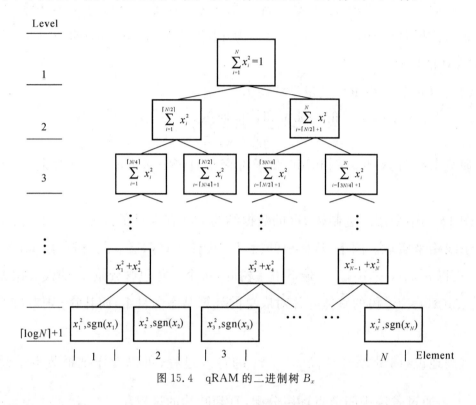

图 15.4　qRAM 的二进制树 B_x

应当指出，树的第 k 层上执行 2^k 个旋转（除最后一层外），而这些条件旋转共享同一量子位而并行执行，这就可以在单量子位 $|q\rangle$ 上实行并行运算。这样一来，$|x\rangle$ 的 N 分量的存入只经过 $\lceil \log N \rceil$ 层，其时间复杂度从 $O(N)$ 降低为 $O(\log N)$。

从以上讨论可以看到，将一个向量转化为一个量子状态的 q RAM oracle 是较为复杂的工作。

● Hamilton 仿真和量子相位估计的计算

首先，为时钟寄存器 C 和输入寄存器 I 准备初态为

$$|\psi_0\rangle^C \otimes |b\rangle^I = \sqrt{\frac{2}{T}} \sum_{\tau=0}^{T-1} \sin \frac{\pi\left(\tau + \frac{1}{2}\right)}{T} |\tau\rangle^C \otimes |b\rangle^I \tag{15.9}$$

式中，T 是仿真 e^{iAt} 的计算总步数，$T = 2^t$，t 是时钟寄存器 C 的量子位数。

其次，作用于初始状态 $|\psi\rangle^C \otimes |b\rangle^I$ 上的条件 Hamilton 算子为

$$\sum_{\tau=0}^{T-1} |\tau\rangle\langle\tau|^{C} \bigotimes e^{iA\tau t_0/T} \tag{15.10}$$

式中，$\dfrac{t_0}{T}$ 是仿真的步距，一般可取 $t_0=2\pi$。之所以称为条件 Hamilton 仿真，是因为仿真的长度取决于时钟寄存器的值 $|t\rangle^{C}$。

于是，条件 Hamilton 算子式(15.10)对初始状态式(15.9)作用后，在寄存器 C 和 I 上的状态为

$$\sqrt{\frac{2}{T}}\sum_{j=1}^{N}\beta_j\left[\sum_{\tau=0}^{T-1}e^{i\lambda_j t_0\tau/T}\sin\frac{\pi\left(\tau+\frac{1}{2}\right)}{T}|\tau\rangle^{C}\right]|u_j\rangle^{I} \tag{15.11}$$

式中，λ_j、$|u_j\rangle$ 分别是 A 的特征值和特征向量。

再把量子逆 Fourier 变换作用到时间寄存器 C 的状态，即式(15.11)中括号内的部分，这里

$$\text{QFT}^{-1}:\frac{1}{\sqrt{T}}\sum_{k=0}^{T-1}e^{-2\pi ik\tau/T}|k\rangle$$

于是可得寄存器 C 和 I 上的状态为

$$\sum_{j=1}^{N}\beta_j\sum_{k=0}^{T-1}\left[\frac{\sqrt{2}}{T}\sum_{\tau=0}^{T-1}e^{i\tau/T(\lambda_j t_0-2k\pi)}\sin\frac{\pi\left(\tau+\frac{1}{2}\right)}{T}\right]|k\rangle^{C}|u_j\rangle^{I}=\sum_{j=1}^{N}\beta_j\sum_{k=0}^{T-1}\alpha_{k|j}|k\rangle^{C}|u_j\rangle^{I} \tag{15.12}$$

式中，$|k\rangle^{C}$ 是 Fourier 基态向量，系数 $\alpha_{k|j}$ 为

$$\alpha_{k|j}=\frac{\sqrt{2}}{T}\sum_{\tau=0}^{T-1}e^{i\tau/T(\lambda_j t_0-2k\pi)}\sin\frac{\pi\left(\tau+\frac{1}{2}\right)}{T}=\frac{\sqrt{2}}{T}\sum_{\tau=0}^{T-1}e^{i\tau\delta/T}\sin\frac{\pi\left(\tau+\frac{1}{2}\right)}{T} \tag{15.13}$$

式中，$\delta=\lambda_j t_0-2k\pi$。注意到 $2i\sin x=e^{ix}-e^{-ix}$，则式(15.13)可以改写为

$$\alpha_{k|j}=\frac{1}{i\sqrt{2}\,T}\sum_{\tau=0}^{T-1}\left[e^{i\pi/(2T)}e^{i\tau(\delta+\pi)/T}-e^{-i\pi/(2T)}e^{i\tau(\delta-\pi)/T}\right]$$

上述几何级数经过求和等一系列推演，可得

$$\alpha_{k|j}=e^{i\delta/2(1-T^{-1})}\frac{\sqrt{2}\cos\dfrac{\delta}{2}}{T}\frac{2\cos\dfrac{\delta}{2T}\sin\dfrac{\pi}{2T}}{\sin\dfrac{\delta+\pi}{2T}\sin\dfrac{\delta-\pi}{2T}} \tag{15.14}$$

由式(15.14)可以证明，当且仅当 $\lambda_j\approx\dfrac{2\pi k}{t_0}$ 时，亦即 $\delta\approx 0$ 时，$|\alpha_{k|j}|$ 很大。现令 $\tilde{\lambda}_k=$

$\dfrac{2\pi k}{t_0}$，此时，若取 $t_0 = 2\pi$，则 $\lambda_j \approx \tilde{\lambda}_k = k$。为此，我们可以在式(15.12)中，将基态 $|k\rangle$ 重新标号为 $|\tilde{\lambda}_k\rangle$。于是可得寄存器 C 和 I 上的状态为

$$\sum_{j=1}^{N} \beta_j \sum_{k=0}^{T-1} \alpha_{k|j} |\tilde{\lambda}_k\rangle^{\mathrm{C}} |u_j\rangle^{\mathrm{I}} \tag{15.15}$$

● 特征值取逆的受控旋转及逆相位估计

在辅助量子位 S 上，执行特征值取逆的受控旋转，这使时钟寄存器 C、输入寄存器 I 和辅助量子位 S 上的状态为

$$\sum_{j=1}^{N} \sum_{k=0}^{T-1} \alpha_{k|j} \beta_j |\tilde{\lambda}_k\rangle^{\mathrm{C}} |u_j\rangle^{\mathrm{I}} \left[\sqrt{1 - \frac{C^2}{\tilde{\lambda}_k^2}} |0\rangle^{\mathrm{S}} + \frac{C}{\tilde{\lambda}_k} |1\rangle^{\mathrm{S}} \right] \tag{15.16}$$

逆相位估计是使时间寄存器的状态复原，我们可以不再加以关注。如果相位估计是理想的，则 $\tilde{\lambda}_k = \lambda_j$，此时系数 $\alpha_{k|j} \approx 1$，其余系数近似为 0。根据以上几点，参看式(15.16)，可得输入寄存器 I 和辅助量子位 S 上的状态为

$$\sum_{j=1}^{N} \beta_j |u_j\rangle^{\mathrm{I}} \left[\sqrt{1 - \frac{C^2}{\lambda_j^2}} |0\rangle^{\mathrm{S}} + \frac{C}{\lambda_j} |1\rangle^{\mathrm{S}} \right] \tag{15.17}$$

● 测量

我们对辅助量子位 S 进行测量。若测量到 $|1\rangle^{\mathrm{S}}$，则由式(15.17)，可得系统的状态为

$$\left(\sum_{j=1}^{N} \frac{|\beta_j|^2}{|\lambda_j|^2} \right)^{-\frac{1}{2}} \sum_{j=1}^{N} \frac{\beta_j}{\lambda_j} |u_j\rangle^{\mathrm{I}} \tag{15.18}$$

式(15.18)正比于解 $|x\rangle = \sum_{j=1}^{N} \beta_j \lambda_j^{-1} |u_j\rangle$。

● 注记

(1)本讲介绍了解大型线性方程组的量子 HHL 算法的基本原理和主要计算方法。HHL 算法所述及的问题很多，诸如算法的误差分析、运行时间分析、参数选择等细节问题，我们没有深入讨论。我们简要地介绍了输入向量 $|b\rangle$ 的存入(oracle access)问题，但没有述及矩阵 A 的元素的 oracle access。再者，HHL 算法仍在不断改进，例如采用幅值放大方法，以提高测量环节的成功概率。

(2) 之所以在量子计算机上应用 HHL 算法解大型线性方程组问题，是因为要解决在经典计算机上难以，甚至无法完成的超大型问题。HHL 算法突出优点是，它相对维数 N 的时间复杂性为 $O(\log N)$，而经典算法则为 $O(N)$。另外，适用 HHL 算法的矩阵 A 必须是稀疏的、良态的。在对矩阵的稀疏性和良态性方面，

HHL 算法不及经典算法。此外，HHL 算法在矩阵 A 和向量 $|b\rangle$ 的 oracle access 方面，比较繁复，这也是它的不足之处。

（3）值得指出，HHL算法还可利用一个子程序实现解向量 $|x\rangle = \sum_{i=1}^{N} x_i |i\rangle$ 的采样输出。通常不必获取解向量 $|x\rangle$ 的全部分量 x_i，事实上，即使读出一遍 x_i，也需要 N 次。我们只要获取解 $|x\rangle$ 的一些特性，从数学上说，要获取 $|x\rangle$ 的一些期望值：$\langle x | M | x\rangle = x^{\dagger} M x$，这里 M 是量子测量算子。所以，$|x\rangle$ 的一系列特性可以测量获取。

（4）HHL 算法在机器学习方面大有用武之地，而机器学习是 AI 的基础。HHL 算法大大加速了量子机器学习（QML）的计算过程。有文献报道，HHL 算法在最小二乘拟合的量子算法、最佳线性或非线性二值分类器、量子支持向量机（QSVM）、深度神经网络的巴叶斯训练器、量子无监督学习等应用中，都具有指数级的加速优势。

第十六讲　量子纠缠及其应用

量子计算利用了微观世界中量子的两个主要特征:叠加性和纠缠性。前面我们研究了量子叠加性,量子的叠加态使量子计算机具备内在并行性这一颠覆性的功能,包括信息的并行携带和存储、酉算子的并行处理等。在这一舞台上,Deutsch-Jozsa算法、Grover算法、Shor算法和HHL算法等量子算法,扮演了经典计算机无法胜任的、解决一系列超大维数计算问题的角色。本讲我们研究量子纠缠性,着重介绍量子纠缠态在量子通信中的应用,包括量子超密编码和量子隐形传态等颠覆性技术。

16.1　量子纠缠特性

从宏观上说,量子纠缠是量子世界所呈现的最违反直觉的现象。本书前面已多次提到这一问题,现在进一步系统地研究。

● 量子纠缠的概念

纠缠是一种只存在于量子系统中的独特的相互关系,它是量子粒子(电子、光子等)以特定的方式相互作用后又相互分离的奇特行为。量子力学指出,两个量子粒子的状态若是纠缠(关联,耦合)的,那么无论这两个粒子间的空间距离多远,其中一个粒子的状态发生变化,另一个粒子的状态也会发生相应变化。由于对量子粒子的测量会改变粒子的状态,因此两个粒子若是纠缠的,则无论它们分离多远,对其中一个粒子的任何测量都可以瞬间影响到另一个粒子的状态和行为。纠缠量子间的瞬间超距作用,公然违反了经典物理学中的局域实在性原则,以致爱因斯坦都惊呼这是"幽灵般的超距作用"。

应当指出,量子纠缠现象是一种新的基本资源,并且从本质上超越了经典资源。量子计算与量子信息的一项主要任务就是利用这个新资源,进行经典资源不可能或难以完成的信息处理任务,例如本讲将要研究的量子超密编码和量子隐形传态等颠覆性技术。

● 量子纠缠的分析

设复合系统的状态空间为 $\mathcal{H}$,它是其子系统状态空间 $\mathcal{H}_i$ 的张量积。对于最简单的两个量子子系统情况,有 $\mathcal{H}=\mathcal{H}_1\otimes\mathcal{H}_2$。空间 $\mathcal{H}_1$ 和 $\mathcal{H}_2$ 的基向量的张量积,可以构成空间 $\mathcal{H}$ 的基向量。叠加原理指出,空间 $\mathcal{H}$ 中最一般的状态不一定是 $\mathcal{H}_1$ 和 $\mathcal{H}_2$ 中状态的张量积,而是可以写成如下形式的任意叠加:

$$|\psi\rangle = \sum_{i,j} c_{ij} |i\rangle_1 \otimes |j\rangle_2 = \sum_{i,j} c_{ij} |ij\rangle$$

式中,$|ij\rangle$ 中第 1 和第 2 字母分别表示 $\mathcal{H}_1$ 和 $\mathcal{H}_2$ 空间中的基态。于是,在 $\mathcal{H}$ 中的任一状态 $|\psi\rangle$,如果它不能被简单地写成属于 $\mathcal{H}_1$ 中的状态 $|\alpha\rangle_1$ 和属于 $\mathcal{H}_2$ 中的状态 $|\beta\rangle_2$ 的张量积,则 $|\psi\rangle$ 就被称为是纠缠的,不可分离的。相反,如果 $|\psi\rangle$ 可以写成 $|\psi\rangle = |\alpha\rangle_1 \otimes |\beta\rangle_2$,则 $|\psi\rangle$ 是可分离的。

当量子比特数很多时,情况会很复杂,纠缠的复杂性随着量子比特数增加呈指数级增长。一个 n qubits 的量子系统具有 2^n 维的复状态向量,每个概率幅(复数)由其模和幅角来确定。因此,一个 n qubits 量子系统的状态可具有 2×2^n 个独立实参数(自由度)。考虑到状态向量的归一化条件,以及可忽略的整体相位因子的因素,则其状态实际上由 $2(2^n-1)$ 个独立实参数(自由度)来确定。以 $n=2$ 的情形为例,一个双量子比特系统一般有 6 个自由度;两个分离的单量子比特系统共有 4 个自由度。因此,一般情况下,一个具有 6 个自由度的双量子比特系统,未必能分离为两个总共有 4 个自由度的单量子比特系统。这意味着,这个双量子比特系统处在纠缠状态中。下面将较详细地分析双量子比特系统的纠缠问题。

● 双量子比特系统的量子纠缠

在第二讲中提到,一个双量子比特系统

$$|\psi\rangle = c_{00}|00\rangle + c_{01}|01\rangle + c_{10}|10\rangle + c_{11}|11\rangle \tag{16.1}$$

其中,c_{00},c_{01},c_{10} 和 c_{11} 是复系数,满足

$$|c_{00}|^2 + |c_{01}|^2 + |c_{10}|^2 + |c_{11}|^2 = 1 \tag{16.2}$$

系统是可分离的,当且仅当它可以被写成如下形式(可因式分解):

$$|\psi\rangle = |\psi_1\rangle \otimes |\psi_2\rangle = (\alpha|0\rangle + \beta|1\rangle) \otimes (\gamma|0\rangle + \delta|1\rangle) \tag{16.3}$$

其中,α,β,γ 和 δ 是复系数,满足

$$|\alpha|^2 + |\beta|^2 = 1, \quad |\gamma|^2 + |\delta|^2 = 1 \tag{16.4}$$

如果双量子态 $|\psi\rangle$ 找不到满足上述关系的两个量子态 $|\psi_1\rangle$ 和 $|\psi_2\rangle$,它就是纠缠的。

进一步说,如果双量子态 $|\psi\rangle$ 可分离,则由式(16.1)和式(16.3)知:$\alpha\gamma = c_{00}$, $\alpha\delta = c_{01}$,$\beta\gamma = c_{10}$,$\beta\delta = c_{11}$。很明显,$c_{00}c_{11} = c_{01}c_{10} = \alpha\beta\gamma\delta$。这意味着,若双量子态 $|\psi\rangle$ 可分离,则式(16.1)的外项积 $c_{00}c_{11}$ 等于其内项积 $c_{01}c_{10}$;反之,若式(16.1)的内、外项积不相等,则断定双量子态 $|\psi\rangle$ 必纠缠。

下面研究人工制造量子纠缠态问题。一个最为一般的、可分离的双量子比特态可写为(相差一个整体相位)

$$|\psi\rangle = a\{|0\rangle + b_1 e^{i\varphi_1} |1\rangle\} \otimes \{|0\rangle + b_0 e^{i\varphi_0} |1\rangle\} \tag{16.5}$$

式中,a 由状态的归一化条件所确定。状态式(16.5)可以改写为

$$|\psi\rangle = a\{|00\rangle + b_0 e^{i\phi_0} |01\rangle + b_1 e^{i\phi_1} |10\rangle + b_0 b_1 e^{i(\phi_1 + \phi_0)} |11\rangle\}$$

如果将受控非门 CNOT 作用于上述状态上,可得

$$\text{CNOT} |\psi\rangle = a\{|00\rangle + b_0 e^{i\phi_0} |01\rangle + b_1 e^{i\phi_1} |11\rangle + b_0 b_1 e^{i(\phi_0 + \phi_1)} |10\rangle\} \tag{16.6}$$

由式(16.6)可以看到,当且仅当 $b_0 e^{i\phi_0} = 1$,状态式(16.6)才是可以分离的。这意味着,当且仅当以下两个条件至少一个被满足时,CNOT 产生了纠缠态:

$$b_0 \neq 1, \quad \phi_0 \neq 0$$

16.2 量子超密编码

本节起我们介绍量子纠缠态在量子通信中的应用,首先研究量子超密编码(superdense coding)。

● 贝尔(Bell)电路

我们已经证明,受控非门 CNOT 可以产生量子纠缠。利用 CNOT 人工产生纠缠态最著名的是所谓 Bell 基态,这是由计算基态向量,利用图 16.1 的贝尔电路所产生的量子纠缠态。贝尔电路也可称为纠缠电路。

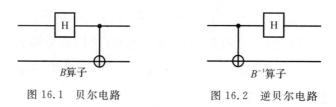

图 16.1　贝尔电路　　　　　图 16.2　逆贝尔电路

图 16.1 的贝尔电路由 Hadamard 门和 CNOT 门所组成,它实现 Bell 变换 B:

$$B = \text{CNOT}(H \otimes I) =$$

$$\begin{bmatrix} 1 & 0 & 0 & 0 \\ 0 & 1 & 0 & 0 \\ 0 & 0 & 0 & 1 \\ 0 & 0 & 1 & 0 \end{bmatrix} \frac{1}{\sqrt{2}} \begin{bmatrix} 1 & 0 & 1 & 0 \\ 0 & 1 & 0 & 1 \\ 1 & 0 & -1 & 0 \\ 0 & 1 & 0 & -1 \end{bmatrix} = \frac{1}{\sqrt{2}} \begin{bmatrix} 1 & 0 & 1 & 0 \\ 0 & 1 & 0 & 1 \\ 0 & 1 & 0 & -1 \\ 1 & 0 & -1 & 0 \end{bmatrix}$$

Bell 变换 B 作用于计算基态向量 $|00\rangle, |01\rangle, |10\rangle$ 和 $|11\rangle$ 上时,分别可得各个 Bell 基态向量:

$$B|00\rangle = |\beta_{00}\rangle = \frac{|00\rangle + |11\rangle}{\sqrt{2}}, \quad B|01\rangle = |\beta_{01}\rangle = \frac{|01\rangle + |10\rangle}{\sqrt{2}}$$

$$B|10\rangle = |\beta_{10}\rangle = \frac{|00\rangle - |11\rangle}{\sqrt{2}}, \quad B|11\rangle = |\beta_{11}\rangle = \frac{|01\rangle - |10\rangle}{\sqrt{2}}$$

以上这些 Bell 基态向量都是纠缠的,因为它们各自的内项积均不等于外项积。

计算基态向量组 $\{|00\rangle, |01\rangle, |10\rangle, |11\rangle\}$ 是双量子比特系统状态空间的一个正交归一基底组,它们经过 Bell 变换 B,所产生的 Bell 基态向量组 $\{|\beta_{00}\rangle, |\beta_{01}\rangle, |\beta_{10}\rangle, |\beta_{11}\rangle\}$ 也是该状态空间的一个正交归一基底组。

图 16.2 是逆贝尔电路,它只是简单地将贝尔电路从右向左的逆顺序运行,故可得逆 Bell 变换 B^{-1} 为

$$B^{-1} = (H \otimes I)\text{CNOT} = \frac{1}{\sqrt{2}} \begin{bmatrix} 1 & 0 & 0 & 1 \\ 0 & 1 & 1 & 0 \\ 1 & 0 & 0 & -1 \\ 0 & 1 & -1 & 0 \end{bmatrix}$$

事实上 $\quad B^{-1}B = [(H \otimes I)\text{CNOT}][\text{CNOT}(H \otimes I)] = I \otimes I$

这里,我们注意到 CNOT 门和 H 门都是自逆的。这样一来,逆 Bell 变换 B^{-1} 作用于 Bell 基向量 $|\beta_{00}\rangle, |\beta_{01}\rangle, |\beta_{10}\rangle$ 和 $|\beta_{11}\rangle$ 上时,分别可重新得到各计算基态向量:

$$B^{-1}|\beta_{00}\rangle = |00\rangle, \quad B^{-1}|\beta_{01}\rangle = |01\rangle$$

$$B^{-1}|\beta_{10}\rangle = |10\rangle, \quad B^{-1}|\beta_{11}\rangle = |11\rangle$$

逆贝尔电路也可称为解缠电路。如果此时对计算基态向量进行标准测量,就可以确定在开始时出现的是四个 Bell 基态中的哪一个。

● 量子超密编码方案

量子超密编码是指通过向量子信道发送单个量子比特的方式,来传送两个经典比特的技术。图 16.3 是量子超密编码方案的示意图。图中,双线代表两个经典比特,单线为一个量子比特。图 16.4 是实现该方案的量子线路,它由正、逆贝尔电路和一个酉算子组成。线路中有两个量子位 Q_A、Q_B,分别在 A、B 方(可以相距很远)。方案的工作步骤如下:

(1)准备。源 S 产生一个发送方 A 和接收方 B 所共享的 Bell 基态对。通常是由初态 $|00\rangle$ 通过贝尔电路,制备出 Bell 纠缠态 $|\beta_{00}\rangle$:

$$B|00\rangle = |\beta_{00}\rangle = \frac{1}{\sqrt{2}}(|00\rangle + |11\rangle)$$

$|\beta_{00}\rangle$ 是两个纠缠量子位的状态。S 将 $|\beta_{00}\rangle$ 的第一个量子位 Q_A 给予 A 将第二个量子位 Q_B 给予 B。实际上 A 和 B 可以离得任意远。

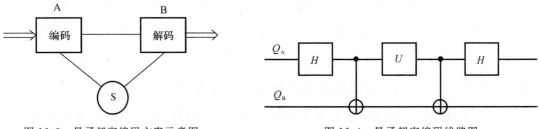

图 16.3　量子超密编码方案示意图　　　　　图 16.4　量子超密编码线路图

(2)编码。A 发送给 B 的两个经典位有 4 个可能:00,01,10 和 11。A 进行编码的方法是,根据所需发送的两位经典信息,选择对应的编码酉算子:

$$\{00,01,10,11\} \stackrel{\text{编码}U}{\Longrightarrow} \{I,X,Z,iY\}$$

将酉算子作用于纠缠对 $|\beta_{00}\rangle$ 的 A 方之量子位 Q_A 上,得到 A 方的编码结果。这里,I,X,Y 和 Z 为 Pauli 矩阵:

$$\sigma_0 = I = \begin{bmatrix} 1 & 0 \\ 0 & 1 \end{bmatrix}, \quad \sigma_1 = X = \begin{bmatrix} 0 & 1 \\ 1 & 0 \end{bmatrix}$$

$$\sigma_2 = Y = \begin{bmatrix} 0 & -i \\ i & 0 \end{bmatrix}, \quad \sigma_3 = Z = \begin{bmatrix} 1 & 0 \\ 1 & -1 \end{bmatrix}$$

若要发送 00,则选择 $U_{00} = I$,于是

$$(I \otimes I)|\beta_{00}\rangle = |\beta_{00}\rangle$$

这相当于 A 不进行任何操作。

若要发送 01,则选择 $U_{01} = X$,于是

$$(X \otimes I)|\beta_{00}\rangle = \begin{bmatrix} 0 & 0 & 1 & 0 \\ 0 & 0 & 0 & 1 \\ 1 & 0 & 0 & 0 \\ 0 & 1 & 0 & 0 \end{bmatrix} \frac{1}{\sqrt{2}} \begin{bmatrix} 1 \\ 0 \\ 0 \\ 1 \end{bmatrix} = \frac{1}{\sqrt{2}}(|01\rangle + |10\rangle) = |\beta_{01}\rangle$$

若要发送 10，则选择 $U_{10} = Z$，于是

$$(Z \otimes I)|\beta_{00}\rangle = \begin{bmatrix} 1 & 0 & 0 & 0 \\ 0 & 1 & 0 & 0 \\ 0 & 0 & -1 & 0 \\ 0 & 0 & 0 & -1 \end{bmatrix} \frac{1}{\sqrt{2}} \begin{bmatrix} 1 \\ 0 \\ 0 \\ 1 \end{bmatrix} = \frac{1}{\sqrt{2}}(|00\rangle - |11\rangle) = |\beta_{10}\rangle$$

若要发送 11，则选择 $U_{11} = iY(ZX)$，于是

$$(iY \otimes I)|\beta_{00}\rangle = \begin{bmatrix} 0 & 0 & 1 & 0 \\ 0 & 0 & 0 & 1 \\ -1 & 0 & 0 & 0 \\ 0 & -1 & 0 & 0 \end{bmatrix} \frac{1}{\sqrt{2}} \begin{bmatrix} 1 \\ 0 \\ 0 \\ 1 \end{bmatrix} = \frac{1}{\sqrt{2}}(|01\rangle - |10\rangle) = |\beta_{11}\rangle$$

由此可见，利用图 16.4 的量子线路，可以将 4 个经典的二位信息编码为 4 个纠缠的 Bell 基态：

$$\{00,01,10,11\} \overset{编码}{\Rightarrow} \{|\beta_{00}\rangle, |\beta_{01}\rangle, |\beta_{10}\rangle, |\beta_{11}\rangle\}$$

（3）发送。A 把 Bell 态的第一量子位 Q_A 发送给 B。

（4）解码。B 把接收到的 Bell 态一半（第一量子位）与其自身所拥有的 Bell 态另一半（第二量子位）组合一起，输入到逆 Bell 电路，这就解码出所传送的二位经典信息：

$$\{|\beta_{00}\rangle, |\beta_{01}\rangle, |\beta_{10}\rangle, |\beta_{11}\rangle\} \overset{解码}{\Rightarrow} \{00,01,10,11\}$$

（5）测量。B 测量在计算基态上的两个量子比特，从而以概率为 1 得到所要的两个经典比特。

以上介绍的量子超密编码是初等量子力学的一个简单却惊人的应用，它用单个量子比特传输了两个经典比特的信息。这种颠覆性的根本原因在于量子纠缠性，当 A 方操作 Bell 态的自己一半量子位时，A 方不是在操作一个孤立的量子比特，而是在操作一个包括 B 方另一半量子比特的纠缠的双量子比特系统。

16.3　量子隐形传态

量子隐形传态(teleportation)是量子力学在信息领域中不可思议的应用之一，是量子纠缠性在量子通信中又一颠覆性技术。几年前我国科学家已通过量子隐形传态将一个量子比特从地球传送到 1 400 km 以外的一颗卫星上。

● 量子隐形传态方案

量子隐形传态是指在发送方和接收方之间没有量子信道的情况下，传送量子状态的技术。图 16.5 是量子隐形传态方案的量子线路。图中，最上方的线表示量子位 Q_0，它处于要进行隐形传态的状态 $|\psi\rangle = \alpha|0\rangle + \beta|1\rangle$，其中 α 和 β 是未知的概率幅。中间线表示量子位 Q_A，它是纠缠对的第一部分，以上两根线均位于 A 方。下方线表示量子位 Q_B，它是纠缠对的第二部分，位于 B 方。图中的双线表示其承载经典比特，仪表表示测量。

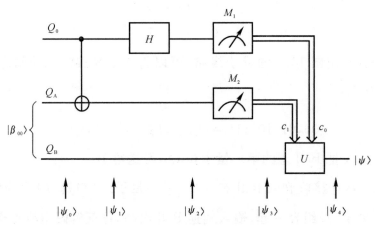

图 16.5　量子隐形传态线路图

方案的工作步骤如下：

(1)准备。源 S 产生一个发送方 A 和接收方 B 所共享的 Bell 基态对。通常是由初态 $|00\rangle$ 通过 Bell 电路，制备出纠缠对 $|\beta_{00}\rangle = \dfrac{1}{\sqrt{2}}(|00\rangle + |11\rangle)$。S 将 $|\beta_{00}\rangle$ 的第一个量子位 Q_A 给予 A，第二个量子位 Q_B 给予 B。

(2)编码。线路的初始状态 $|\psi_0\rangle$ 为

$$|\psi_0\rangle = |\psi\rangle \otimes |\beta_{00}\rangle = \frac{1}{\sqrt{2}}[\alpha|0\rangle(|00\rangle + |11\rangle) + \beta|1\rangle(|00\rangle + |11\rangle)] =$$

$$\frac{1}{\sqrt{2}}[\alpha|000\rangle + \alpha|011\rangle + \beta|100\rangle + \beta|111\rangle]$$

这里三个量子比特中,前两个量子比特属于 A,第三个量子比特属于 B。A 的第二个量子比特和 B 的量子比特是从 $|\beta_{00}\rangle$ 纠缠态而组成的。

A 将其两个量子比特送至逆 Bell 电路。首先送至 CNOT 门,其中第一个量子比特为控制位,可得状态 $|\psi_1\rangle$ 为

$$|\psi_1\rangle = \frac{1}{\sqrt{2}}\big[\alpha|0\rangle(|00\rangle+|11\rangle)+\beta|1\rangle(|10\rangle+|01\rangle)\big]$$

接着 A 让其第一个量子比特通过一个 Hadamard 门,由于

$$H|0\rangle = \frac{1}{\sqrt{2}}(|0\rangle+|1\rangle), \quad H|1\rangle = \frac{1}{\sqrt{2}}(|0\rangle-|1\rangle)$$

故状态 $|\psi_2\rangle$ 为

$$|\psi_2\rangle = \frac{1}{2}\big[\alpha(|0\rangle+|1\rangle)(|00\rangle+|11\rangle)+\beta(|0\rangle-|1\rangle)(|10\rangle+|01\rangle)\big] =$$

$$\frac{1}{2}(\alpha|000\rangle+\alpha|011\rangle+\alpha|100\rangle+\alpha|111\rangle+\beta|010\rangle+\beta|001\rangle-\beta|110\rangle-\beta|101\rangle)$$

注意到张量积的性质,经过重新组项,状态 $|\psi_2\rangle$ 可改写为

$$|\psi_2\rangle = \frac{1}{2}\big[|00\rangle(\alpha|0\rangle+\beta|1\rangle)+|01\rangle(\alpha|1\rangle+\beta|0\rangle)+$$

$$|10\rangle(\alpha|0\rangle-\beta|1\rangle)+|11\rangle(\alpha|1\rangle-\beta|0\rangle)\big] \tag{16.7}$$

式(16.7)的状态 $|\psi_2\rangle$ 共有四项,每项中 A 的两个量子比特 Q_0 和 Q_A 的状态分别为 $|00\rangle$,$|01\rangle$,$|10\rangle$ 和 $|11\rangle$;B 的量子比特 Q_B 的状态分别是 $\alpha|0\rangle+\beta|1\rangle$,$\alpha|1\rangle+\beta|0\rangle$,$\alpha|0\rangle-\beta|1\rangle$ 和 $\alpha|1\rangle-\beta|0\rangle$。若 A 在计算基态上测量其两个量子比特 Q_0 和 Q_A,则以相同的概率 $\frac{1}{4}$,获得两位经典信息 c_0c_1,并使 B 的量子位 Q_B 坍塌为相应的测量状态。如 $c_0c_1=00$ 时,Q_B 的状态坍塌为 $\alpha|0\rangle+\beta|1\rangle$,类似地,若 $c_0c_1=01,10$ 和 11 时,相应的关系如下:

$$\left\{\begin{bmatrix}\alpha\\\beta\end{bmatrix}, \begin{bmatrix}\beta\\\alpha\end{bmatrix}, \begin{bmatrix}\alpha\\-\beta\end{bmatrix}, \begin{bmatrix}-\beta\\\alpha\end{bmatrix}\right\}\overset{\text{编码}}{\Rightarrow}\{00,01,10,11\}$$

(3)发送。A 把其测量得到的两位经典比特 c_0c_1 发送给 B。

(4)解码。B 根据接收到的两位经典信息 c_0c_1,选择一个对 Q_B 量子位执行解码的酉运算,使 Q_B 恢复状态 $|\psi\rangle=\alpha|0\rangle+\beta|1\rangle$。对应关系如下:

$$\{00,01,10,11\}\overset{\text{解码}U}{\Rightarrow}\{I,X,Z,\mathrm{i}Y\}$$

这里,I,X,Y 和 Z 为 Pauli 矩阵。

当接收到 00 时，则选择 $U_{00}=I$，换言之，B 不需要对 Q_B 进行任何操作。

当接收到 01 时，则选择 $U_{01}=X$，于是

$$X\begin{bmatrix}\beta\\\alpha\end{bmatrix}=\begin{bmatrix}0&1\\1&0\end{bmatrix}\begin{bmatrix}\beta\\\alpha\end{bmatrix}=\begin{bmatrix}\alpha\\\beta\end{bmatrix}=|\psi\rangle$$

当接收到 10 时，则选择 $U_{10}=Z$，于是

$$Z\begin{bmatrix}\alpha\\-\beta\end{bmatrix}=\begin{bmatrix}1&0\\0&-1\end{bmatrix}\begin{bmatrix}\alpha\\-\beta\end{bmatrix}=\begin{bmatrix}\alpha\\\beta\end{bmatrix}=|\psi\rangle$$

当接收到 11 时，则选择 $U_{11}=\mathrm{i}Y(ZX)$，于是

$$\mathrm{i}Y\begin{bmatrix}-\beta\\\alpha\end{bmatrix}=\begin{bmatrix}0&1\\-1&0\end{bmatrix}\begin{bmatrix}-\beta\\\alpha\end{bmatrix}=\begin{bmatrix}\alpha\\\beta\end{bmatrix}=|\psi\rangle$$

总之，量子隐形传态提供了一种将量子态从 A 传输到 B，而无须传输表示该量子态的粒子的奇妙方法。

● 注记

(1) 量子隐形传态中，A 传给 B 的是量子状态，即量子比特的信息，而不是承载量子信息的物理粒子本身，而实现量子比特的物理系统可能会很不相同。

(2) 即使是隐形传态，但 A 必须发送给 B 两比特的经典信息，这一信息由经典方法传输，其传输速度不超过光速。因此，量子隐形传态不能超过光速完成。

(3) 量子隐形传态并不违背量子不可克隆定理。事实上，在隐形传态过程完成时，未知量子态 $|\psi\rangle=\alpha|0\rangle+\beta|1\rangle$ 已为 B 的 Q_B 量子位所拥有，而 A 的 Q_0 量子态已变为 $|0\rangle$ 或 $|1\rangle$（取决于测量结果）。因此，未知量子态 $|\psi\rangle$ 在一处消失，而在另一处出现。

(4) 隐形传态在许多量子计算程序中起着重要作用，它是将量子态从一个系统传到另一个系统的有力工具。由几个独立部分所组成的量子计算机，其不同部分之间的量子信息的传输，很需要隐形传态技术。

(5) 由图 16.4 和图 16.5 可知，超密编码和隐形传态的量子线路在结构上很相似。为直观起见，我们用控制系统中的方块图来进一步描述，分别如图 16.6 和图 16.7 所示。

在图 16.6 的超密编码系统的方块图中，输入是 A 发送出的两位经典信息 c_0c_1，输出是 B 接收到的 c_0c_1。在图 16.7 的隐形传态系统的方块图中，输入是 A 发送出的未知量子态 $|\psi\rangle$，输出是 B 接收到的量子态 $|\psi\rangle$。但应当指出，当量子态 $|\psi\rangle$

已传送至 B 的量子位 Q_B 时，原先在 A 的量子位 Q_0 上的量子态 $|\psi\rangle$，由于对 Q_0 的测量而坍塌为 $|0\rangle$ 或 $|1\rangle$ 的基态。在图 16.6 和图 16.7 中，方块 B、B^{-1} 分别表示贝尔电路、逆贝尔电路，$U_{c_0c_1}$ 表示由两位经典信息 c_0c_1 选择的酉算子，M 表示在计算基态上的测量。方块图中把发送方 A 和接收方 B 合在一个量子通信系统之中。

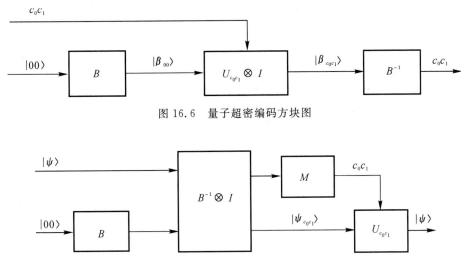

图 16.6 量子超密编码方块图

图 16.7 量子隐形传态方块图

(6) 由图 16.6 和图 16.7 还可看到，对于量子超密编码和量子隐形传态，可以认为两者是互逆的运算。事实上，对于前者，A 向 B 发送一个量子比特来传输两个经典比特的信息；对于后者，A 向 B 发送两个经典比特的信息来传输一个量子比特的状态。对于前者，A 使用 Pauli 变换进行编码，B 使用逆贝尔电路进行解码；对于后者，A 使用逆贝尔电路进行编码，B 使用 Pauli 变换进行解码。因此，量子超密编码和量子隐形传态可以利用同一个量子线路来完成，只是线路中各方块的位置需要调整。

第十七讲　量子不可克隆定理及其应用

量子系统的独特性质可以在信息传播方面实现重大应用，例如第十六讲研究的利用量子纠缠性所创造的量子超密编码和量子隐形传态等颠覆性技术。本讲将介绍的量子不可克隆特性又使量子力学对密码术作出了特殊贡献。

密码系统的主要问题不是加密文本的传送，而是密钥的分发。经典通信系统中，攻击者能够读到密钥而不留下痕迹，因此通信系统无法绝对肯定密钥是安全的。但是量子不可克隆特性可以解决这一问题，它提供了一个独到而安全的密钥分发方法。

17.1　量子不可克隆定理

在经典计算系统中，数据可以被精确地复制，即所谓数据被克隆。但是量子系统却不具备这一能力。量子系统最基本特性之一是量子不可克隆性，即不存在能够完全复制任意量子状态的量子运算（酉算子）。前面已提到这一问题，本讲将详细地研究这一问题及其在量子密钥分发（QKD）中的应用。

量子数据不能被拷贝，这显然限制了量子程序设计中的可用资源；然而无法复制任意未知状态，却是系统安全性的一个重要因素。

● 量子不可克隆定理的证明

下面我们用比较直观的反证法证明量子不可克隆定理。如图 17.1 所示，假定存在一个复制量子状态的酉算子 U_c（可称为克隆酉算子），它有两个输入端：一是具有任意未知状态 $|\psi\rangle$ 的数据位，另一是称为副本的目标位 $|S\rangle$。能否克隆问题，相当于克隆酉算子 U_c 是否存在这一问题。下面将证明 U_c 不存在，即无法克隆任意量子状态。

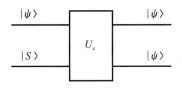

图 17.1　假想克隆酉算子

设任意未知状态 $|\psi\rangle=a|0\rangle+b|1\rangle$，根据克隆酉算子的要求，$U_c$ 应将 $|\psi\rangle$ 复制到目标位 $|S\rangle$ 上。于是由 U_c 进行克隆处理为

$$U_c(|\psi\rangle|S\rangle)=|\psi\rangle|\psi\rangle=(a|0\rangle+b|1\rangle)(a|0\rangle+b|1\rangle)=$$
$$a^2|00\rangle+ab|01\rangle+ab|10\rangle+b^2|11\rangle \tag{17.1}$$

另外，由于 U_c 是线性算子，故

$$U_c(|\psi\rangle|S\rangle)=U_c[(a|0\rangle+b|1\rangle)|S\rangle]=aU_c(|0\rangle|S\rangle)+bU_c(|1\rangle|S\rangle)$$

又由于 U_c 进行克隆处理，故上式可改写为

$$U_c(|\psi\rangle|S\rangle)=a|00\rangle+b|11\rangle \tag{17.2}$$

比较式(17.1)和式(17.2)两式可知，只有 $a=1$ 和 $b=0$（相当于 $|\psi\rangle=|0\rangle$），或者 $a=0$ 和 $b=1$（相当于 $|\psi\rangle=|1\rangle$）时，两式才能相等。当 $|\psi\rangle$ 是任意状态时，以上两式不相等，所以克隆酉算子 U_c 是不存在的。因此，要制作任意未知量子状态 $|\psi\rangle$ 的拷贝是不可能的。

● 注记

(1)这里可以将量子不可克隆性与量子测量的独特性质相联系。量子测量中指出，我们无法直接获取未知状态 $|\psi\rangle=a|0\rangle+b|1\rangle$ 的概率幅 a、b 的信息，因为一旦测量 $|\psi\rangle$，将以概率 $|a|^2$ 或 $|b|^2$ 得到 0 或 1，而状态 $|\psi\rangle$ 就坍塌到 $|0\rangle$ 或 $|1\rangle$，再也无法得到 a、b 的更多信息。这意味着，$|\psi\rangle$ 承载的信息在第一次测量后就丢失了。但假如 $|\psi\rangle$ 可以被复制，我们就可通过多次测量而获取到 $|\psi\rangle$ 概率幅的信息。这充分说明，依据量子力学的测量假设，可以得到的结论是，量子克隆器是不可能存在的。

(2)进一步指出，量子克隆器的存在将违背相对论的一个基本原理：信息不能超出光速传递。

假设一个源 S 产生许多 Bell 态对：

$$|\beta_{00}\rangle=\frac{1}{\sqrt{2}}(|0\rangle|0\rangle+|1\rangle|1\rangle)$$

其中，$|0\rangle$ 和 $|1\rangle$ 分别是 Pauli 阵 Z 的特征值 $+1$ 和 -1 的特征向量。$|\beta_{00}\rangle$ 也可写为

（注意 Hadamard 阵的自逆性）：

$$|\beta_{00}\rangle = \frac{1}{\sqrt{2}}(|0\rangle_x |0\rangle_x + |1\rangle_x |1\rangle_x)$$

其中 $\quad |0\rangle_x = |+\rangle = \frac{1}{\sqrt{2}}(|0\rangle + |1\rangle), \quad |1\rangle_x = |-\rangle = \frac{1}{\sqrt{2}}(|0\rangle - |1\rangle)$

这里 $|0\rangle_x$ 和 $|1\rangle_x$ 分别是 Pauli 阵 X 的特征值 $+1$ 和 -1 的特征向量。

S 将每个 $|\beta_{00}\rangle$ 对中的一个粒子给予发送方 A，另一个粒子给予接收方 B。A 首先把发送的信息编码为一个二进制数串。A 随后将 $|\beta_{00}\rangle$ 对中每个粒子进行如下测量：对应于数串中的 0 或 1，A 测量 X 或 Z。于是，B 的 $|\beta_{00}\rangle$ 对中的粒子状态坍塌为 X 或 Z 的特征态。B 不知 A 的测量方法，只能随机地确定测量 X 或 Z，因而 B 不能通过测量而获得 A 发送的信息。相反，如果存在量子克隆器，B 就可将其 Bell 对的量子位复制任意多份，从而可以测量获取 A 发送的信息。这不就意味着 A 向 B 瞬间传递了信息，实现了超光速通信吗？因此，存在量子克隆器这一假定是不可能的。17.2 节中将详细地研究上面这个信息传递问题。

（3）应当强调，前面证明中仅指出对"任意状态"，量子克隆器是不存在的。事实上，如状态 $|0\rangle$ 或 $|1\rangle$，可以进行克隆，因而可以制备任意数目的备份。下面进一步说明不能对任意状态进行克隆。

假设图 17.1 的酉算子 U_c 对两个不同状态 $|\psi\rangle$ 和 $|\varphi\rangle$ 进行克隆处理：

$$U_c(|\psi\rangle |S\rangle) = |\psi\rangle |\psi\rangle$$

$$U_c(|\varphi\rangle |S\rangle) = |\varphi\rangle |\varphi\rangle$$

对上面两式的左右两端取内积，经推导可得

$$\langle\psi|\varphi\rangle = (\langle\psi|\varphi\rangle)^2 \tag{17.3}$$

式(17.3)有两种结果：或者 $|\psi\rangle = |\varphi\rangle$，或者 $|\psi\rangle \perp |\varphi\rangle$。这意味着，$U_c$ 只能对彼此正交的状态进行克隆处理，而不能对任意状态进行拷贝。

17.2　量子密钥分发

经典通信系统中，不可能确切知道攻击者是否在监听通信，因为经典信息可以被复制而不引起原信息的变化。但量子信息不能被复制，况且对量子系统的监听（测量）会引起通信系统原理性的变化。量子系统的这些内在性质使得从原理上完全监听入侵成为可能，通信双方可以确切监听到是否被窃听。

当前已发展了量子密码学,这是一种特殊形式的密码学,它依赖于量子力学的独特规律,可以确保通信系统无条件安全。本讲研究量子密码学中的量子密钥分发(QKD)技术,这是在两个独立方之间共享随机密钥的安全方法,发送方和接收方可以很容易地验证密钥是否被篡改,因此,从理论上说是无条件安全的密钥分发。下面介绍 QKD 的 BB84 方案。

● BB84 方案概况

BB84 是基于以下几点量子力学规律而提出的一种 QKD 协议:

(1)发送方向接收方发送的光子偏振,不能在不相容的基(直线/对角线)上同时被测量。

(2)量子粒子的单个性质的信息(如一个光子的偏振性)是无法得到的。

(3)攻击者在不改变消息含义的情况下,访问发送方和接收方之间的消息是不可能的。

(4)未知的量子态是不可能被复制的。

采用 BB84 协议的量子密钥分发系统有两个信道:单向的量子密钥信道和双向的经典通信信道,如图 17.2 所示。量子信道进行密钥分发,经典信道进行加密通信。发送方 A 有一个单光子源(向接收方发送光子)和两个偏振滤光片(直线滤光片、对角线滤光片)。A 传输的偏振光子有两个偏振基:直线基⊕(直线偏振)和对角线基⊗(对角线偏振)。每个基有两种态:直线基有水平态(水平偏振,表以 0)和垂直态(垂直偏振,表以 1);对角线基有 +45°态(+45°偏振,表以 0)和 −45°态(−45°偏振,表以 1)。表 17.1 总结了单光子的特性。

表 17.1　单光子特性

偏振基	偏振角度	偏振表示	逻辑取值
直线基⊕	0°	—	0
直线基⊕	90°	|	1
对角线基⊗	45°	/	0
对角线基⊗	−45°	\	1

在 BB84 协议中,抽象到量子信息的数学模型上,则 BB84 方案有两个字母和四个态。字母 z 和 x 分别与 Pauli 阵 Z 和 X 相对应,分别代表直线基和对角线基。四个态分别是 Z 和 X 的特征值为 ± 1 的特征向量:

z 字母表：$|0\rangle$，$|1\rangle$

x 字母表：$|0\rangle_x = |+\rangle = \dfrac{1}{\sqrt{2}}(|0\rangle + |1\rangle)$，$|1\rangle_x = |-\rangle = \dfrac{1}{\sqrt{2}}(|0\rangle - |1\rangle)$

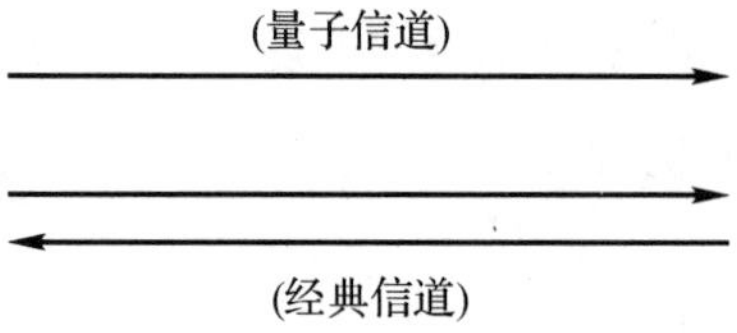

(量子信道)

(经典信道)

图 17.2　两个信道

● BB84 协议的步骤

(1)A 生成一个足够长度的随机二进制序列。

(2)将数字比特编码为单光子的量子比特。A 将每个数字比特与发送光子的逻辑取值相对应。当数字比特为 0 时，则取偏振态为 $|0\rangle$ 或 $|0\rangle_x$；当数字比特为 1 时，则取偏振态为 $|1\rangle$ 或 $|1\rangle_x$。对每个数字比特，A 随机地选择偏振基（直线基或对角线基）进行光子偏振，从而得到每个单光子的量子比特。

(3)发送。A 将量子比特串通过量子信道发送给 B，并记录每个光子的偏振基和逻辑值。

(4)接收与测量。由于 B 并不知道 A 对每个发射光子所选择的偏振基，而只能随机地选择每个接受光子的测量轴向（沿 x 轴或 z 轴）。如果 B 的测量轴向与 A 的偏振字母相同（其概率为 $\dfrac{1}{2}$），则 B 测量到正确的逻辑值（数字比特）；相反，如果 B 选择了与 A 不同的轴向进行测量，则仅在一半情况下，B 才能测量到正确的逻辑值（数字比特）。例如，若 B 收到量子比特 $|1\rangle_x$ 但测量 Z，则其结果为 0 与 1 的概率相等。

(5)生成原始密钥(raw key)。A 和 B 通过经典公共信道分别告知对方关于每个量子位的偏振或测量所选择的字母表（但不通告偏振或测量结果）。然后，A 与 B 删除所有它们使用了不同字母表的比特，保留了那些具有相同字母表的比特。由于 A、B 选择的随机性，字母表匹配与不匹配的概率几乎相等，因此将近 50％ 的量子位可以用来生成密钥，称之为筛选密钥或原始密钥。可见，BB84 方案在本质上效率不高。

(6)加工原始密钥。通过对原始密钥进行信息调整和保密增强等处理，生成更安全的量子密钥(略)。

● 注记

(1)表 17.2 给出了 BB84 方案的一个简例。

表 17.2　BB84 方案简例

A 生成随机二进制序列	1	0	0	0	1	1	0	1	0	1
A 的偏振字母表	x	z	x	z	x	x	x	z	z	x
A 传送的量子比特	$\lvert 1 \rangle_x$	$\lvert 0 \rangle$	$\lvert 0 \rangle_x$	$\lvert 0 \rangle$	$\lvert 1 \rangle_x$	$\lvert 1 \rangle_x$	$\lvert 0 \rangle_x$	$\lvert 1 \rangle$	$\lvert 0 \rangle$	$\lvert 1 \rangle_x$
B 的测量字母表	x	z	x	x	z	x	z	x	z	z
B 的测量结果	1	0	0	0	0	1	0	0	0	1
原始密钥	1	0	0			1			0	

(2) 这里再强调一下量子不可克隆定理的重要性。如果量子克隆器存在,攻击者就可以对 A 发送的量子比特制造大量的备份,从而以任意精度分辨出 $\{\lvert 0 \rangle, \lvert 1 \rangle\}$ 和 $\{\lvert 0 \rangle_x, \lvert 1 \rangle_x\}$。例如,设想攻击者对某量子比特及其所有备份按字母表 z 测量,若收到的状态是 $\lvert 1 \rangle$,则其测量结果总是 1;若收到的状态是 $\lvert 1 \rangle_x$,则将以同样的概率测量得到 0 或 1。这样,攻击者就可以给 B 发送一个所截获的量子比特的备份。因此,如果不可克隆定理可以被违反的话,攻击者就能够截获 A 所发送的量子比特,再发送给 B,而不留下任何截获痕迹。

(3)BB84 协议的量子密钥分发与经典对称密码(如 Vernam 密码)相结合,既保证了私钥的安全传递,又保证了消息的机密通信。Vernam 密码方案如下:

1)明文,将原文本写为一个二进制序列;

2)密钥,长度与明文相同的、完全随机的二进制序列;

3)加密,明文的二进制序列与密钥序列按位作模 2 相加,得到密文;

4)解密,密文的二进制序列与密钥序列按位作模 2 相加,还原明文;

5)一次一密,即密钥只能使用一次。

Vernam 密码不可破译的数学证明,是由"信息论"创始人 Shannon 所给出的。

(4)除了 BB84 方案外,还有 E91 方案的 QKD 协议。当前一些实验室已成功地将 QKD 系统投入运行,还有一些公司出售 QKD 系统。我国发射的量子实验卫星"墨子号"中,不仅应用了量子隐形传态技术,也应用了 QKD 系统。中国与奥地利建立了通信联系,并首次实现洲际 QKD 系统。

第十八讲 结 语

本书主要作为高等学校计算机和自动控制学科的研究生和本科生学习量子计算的基础教材,旨在帮助他们应用量子计算机解决诸如量子机器学习和优化、量子系统仿真、量子密码学、量子通信、量子传感与测量等等专业中的复杂问题,这些复杂问题是经典计算机所无法胜任的。

当前量子计算与量子信息仍处于起步阶段。迄今为止建造的量子计算机体积很大,功能不是很强大,通用性也差,而且通常涉及需要冷却到极低温度的超导体,这使我们回忆起建造第一代电子管计算机的情况。但要准确预测量子计算机的长远作用是困难的。回顾 20 世纪 50 年代第一台现代计算机的诞生,在当时,无人能确切预测计算机对人类社会的影响有多大,人类对计算机的依赖程度有多深。推动经典计算机迅猛发展有三个主要因素:①半导体集成电路芯片按摩尔定律的发展;②计算机深入人类生活方方面面应用的推动;③众多先进技术(互联网、移动通信、无线传输、AI 等等)的融合。可以预测,推动量子计算机迅猛发展的各种因素,也将会一一出现。

现阶段引起科技人员广泛关注的是,作为量子力学和计算机科学相融合的量子计算,是一种具有颠覆性的、全新的计算模式,量子计算机能够完成经典计算机无法完成的在经济、社会、国防和科学技术等等领域中一系列极其重要的任务。

18.1 量子计算的颠覆性

当前,从工程应用的角度看,量子计算的颠覆性主要有:

(1)量子叠加态产生的量子计算机的内在并行性,可以实现超高维的并行计算,解决用经典计算机无法求解的一系列"难解"(infeasible)问题,这些"难解"问题往往具有举足轻重的应用场景,从而展现了量子计算机的"量子霸权"行为。

（2）量子纠缠态产生的量子系统的隐形传态特性,提供了用经典通信方法无法企及的远距隐形通信功能,从而展现了量子系统"幽灵"般的超距行为。

（3）量子状态的不可克隆性,确保了经典密码系统中无法做到的量子密钥分发的绝对安全性。

下面对量子计算机的内在并行性,再说明一下。

量子系统内在并行性的根源在于量子的叠加态。我们比较经典位 1 bit 和量子位1 qubit。经典位 1 bit,或是 0 或是 1,它可以用任何有两种互斥状态的事物来表示。量子位1 qubit,是两种互斥状态 $|0\rangle$ 和 $|1\rangle$ 的、满足归一性的任意叠加(线性组合)。从概率论上说,1 bit 仅是两个结果中确定性的一个,而 1 qubit 则给出两个结果的一个(0-1)概率分布。从线性代数上说,1 qubit 状态 $|\psi\rangle = \alpha|0\rangle + \beta|1\rangle$ 是 C^2 空间上两个基向量 $|0\rangle$ 和 $|1\rangle$ 的、满足归一性的任意线性组合(即 Bloch 球面上的任意单位向量)。由此可见,1 bit 含有的信息量无法与 1 qubit 含有的信息量相比拟,1 qubit 的信息存储量、传输量远大于 1 bit。

量子计算机是 n 个量子比特的集合,这 n 个量子比特不是独立的子系统,而是组成了互相耦合的复合系统。复合系统用张量积的数学工具来描述。复合系统的状态空间是 2^n 维酉空间,其状态向量是 $N = 2^n$ 个基向量 $\{|0\rangle, |1\rangle, \cdots, |N-1\rangle\}$ 的、满足归一性的线性组合。这意味着,n qubits 的寄存器的信息含有量是 2^n 个满足归一性的复数的信息量。可以想象,当 n 很大时,量子计算机将具有何等巨大的内存容量。

更可贵的是,量子计算机可以实现 2^n 维酉变换,换言之,量子计算机可以一步并行处理 2^n 维的状态向量。可以想象,当 n 很大时,量子计算机将具有何等强大的超高维并行处理能力,从而将创造出何等巨大的计算速度优势。

令人欣喜的是,从硬件资源上说,量子计算机仅用量子比特数 n 的线性增加的代价,却获得量子信息存储、传输和处理上指数级 2^n 的并行效能。这与经典计算机的并行处理方式有本质的差异。经典计算机本质上是串行的,依靠增加硬件资源的代价,实现并行处理功能;而量子计算机依靠量子的叠加态的本质优势,实现内在的并行处理能力。

这里再解释一下所谓的"量子霸权"(quantum supremacy),它是指量子计算机在速度上拥有的指数级超越所有经典计算机的计算能力。举例说,Google 在研究 72 qubits 的量子计算机,$2^{72} \approx 4 \times 10^{21}$,已达到 Z 级($2^{70}$ 或 10^{21})。有人认为一旦研制出这种量子计算机，将进入"量子霸权"时代，届时量子计算机可以进行任何经典计算机都无法进行的计算。应当指出，"量子霸权"是一个不断变化的目标，因为经典计算机仍一直在改进。

18.2 "量子计算和量子信息"的进展近况

● 量子计算机研究近况

"量子计算和量子信息"的兴起已有 40 多年的历史，当前其基本理论和技术框架已大体建立，小规模的量子计算机已经出现，但功能强大的、通用的、可编程的、有实际应用价值的量子计算机仍未问世。

量子计算所遇到的巨大挑战，是研制量子计算机。要建造量子计算机，需要大量可以随意制备、操作和测量的两能级量子系统，需要能够控制与测量一个多量子比特系统的状态。多量子比特的量子计算机必须是成规模的，需要有大量的量子比特来进行有效计算，其布线就变得很困难。因此，量子计算机需要实现大规模化的技术创新，研究类似经典计算机中集成电路那样的技术。为实现一系列量子门运算，量子比特必须以可控制的方式参与相互作用，并控制其时间演化。

研制量子计算机的最大难点是量子系统与环境的相互作用导致的退相干效应。退相干（或量子相干性的损失）是指，量子计算机与周围环境的不可避免的相互作用所导致的量子叠加态消除某些相干，以致破坏叠加，从而影响量子计算机的性能。退相干在量子系统中是一种不良效应，它减弱了量子系统相对于经典系统的许多优势，例如，它不仅使量子叠加态受到影响，还会使量子纠缠态产生丢失。目前，国内外的许多研究团队正致力于退相干现象的研究，并取得了很大进展，包括容错量子计算机的研究。

美国许多大公司都在研制量子计算机。IBM 在其量子计算机中使用超导量子比特。2016 年推出了一个 5 qubits 的量子处理器，在云端上免费提供使用。只要所设计的量子电路（如超密编码电路、Bell 电路、氢原子模型电路等）的量子比特不大于 5 个，就可以在该处理器上运行。程序员声称，他们正在构建第一个量子计算机多人游戏。2017 年底，IBM 又将一台 20 qubits 的量子计算机连接到云端。IBM 不久前公布了全球首款商用量子计算机 IBMQ。IBM 不久前还研制成功了 127 qubits 超导量子计算机"鹰"，这是迄今为止全球最大的量子计算机。IBM 希望不久就能打造超过 1 000 qubits 的量子计算机。

IBM 为德国制造了首台 27 qubits 的量子计算机"量子系统一号",它被安装在一个 2.7 m 高的玻璃立方体内,以使量子比特免受噪声和扰动的影响。该量子计算机将用于加密软件、AI、医学研究和能源利用之中。

IBM 也为日本开发了一台商用量子计算机,该机归属于东京大学,用以探索量子计算的实际应用和培养人才。应用包括新药研制、新材料开发、金融模型构建、物流和加密技术优化等。

前面已提到 Google 研发 72 qubits 的量子计算机,它也是使用超导量子比特。2019 年 Google 利用该机以 3 min20 s 的时间解决了最尖端超级计算机需要花 1 万年解决的问题,为实现"量子霸权"取得了突破性进展。但所处理的是生成随机数的特殊问题,缺乏实用性。Google 目前瞄准的是通用量子计算机产品,其可以解决现有计算机束手无策的各种难题,例如应用于气候变化、新材料、抑制传染病全球大流行的新药物等。

霍尼韦尔公司声称将推出"世界上最强大的量子计算机",它使用原子粒子的量子比特,以加快处理速度。其主要应用于探索新的分子结构、优化物流、更快与更精确的金融应用软件、新药研发等等。

加拿大 D-Wave 公司已生产了许多商业的专用量子计算机,其最新型号产品为 D-Wave 2000Q。这些专用量子计算机使用"量子退火"方法来解决某些优化问题。与"量子退火"形成竞争的是日本富士通、日立和东芝联合研制的"模拟量子计算机",其应用范围较为广泛,包括物流、医疗和金融等。日本制药企业在开发治疗新冠病毒的药物时,使用了"模拟量子计算机"。据称该计算机从数量庞大的化合物中找出候选药物,将原本人工重复做实验并用约半年时间来摸索的工作,缩短为半天左右。

● 我国在"量子计算和量子信息"方面的进展

我国是"量子计算和量子信息"方面的强国,近年来取得了一系列令世界瞩目的成就,其中最主要的两项如下:

(1)量子计算方面,"九章"和"祖冲之"量子计算机原型机。2020 年中国科技大学等单位研制成功"九章"量子科学原型机,这是使用 76 qubits 光量子比特的量子专用计算机。"九章"求解数学难题"高斯玻色取样",对于 5 000 万个样本,只需要 200 s,而目前世界上最快的超级计算机(日本"富岳")需要 6 亿年;对于 100 亿个样本,"九章"约需要 10 h,而"富岳"需要 1200 亿年。"九章"是由激光器、反射镜、棱镜和光子探测器组成的精密桌上计算机,其环境适应能力强,除探测部分外,其余部分可以在室温下运行。"九章"是继 Google 的量子计算机之后,世界上第二次演示了"量子霸权"的量子计算机。之后他们相继研制出"九章二号""祖冲之一号"以及 66 qubits 的可编程超导量子计算机原型机"祖冲之二号"。这表明我国在量子计算机方面已处于世界前列。

(2)量子信息方面,"墨子号"量子科学家实验卫星。2016 年我国在酒泉卫星发射中心,用"长征二号"丁运载火箭成功地将中国科学院等单位研制的世界首颗量子科学实验卫星"墨子号"发射升空。"墨子号"旨在进行空间尺度上量子通信的实验研究,包括量子密码通信、量子隐形传态和量子超密编码等。具体说,"量子号"要进行星地量子密钥分发(QKD)实验、空间尺度上量子纠缠态分发和隐形传态实验、星地量子保密通信信道及广域量子通信网络构建实验等。"墨子号"的发射及其实验在世界上是首次,这表明我国在量子信息方面已处于世界领先地位。

参 考 文 献

[1] NIELSEN M A, CHUANG I L. 量子计算和量子信息：一 量子计算部分 [M]. 赵千川，译. 北京：清华大学出版社，2004.

[2] BENENTI G, GIULIO C, STRINI G. 量子计算与量子信息原理：第一卷 基本概念[M]. 王文阁，李保全，译. 北京：科学出版社，2011.

[3] 应明生. 量子编程基础[M]. 张鑫，向宏，傅鹂，等译. 北京：机械工业出版社，2020.

[4] BERNHARDT C. 人人可懂的量子计算[M]. 邱道文，周旭，萧利刚，等译. 北京：机械工业出版社，2020.

[5] LALA P K. 初识量子计算[M]. 杨延华，邓成，译. 北京：机械工业出版社，2020.

[6] 王健全，马彰超，孙雷，等. 量子保密通信网络及应用[M]. 北京：人民邮电出版社，2019.

[7] GISIN N. 跨越时空的骰子：量子通信/量子密码的背后原理[M]. 周荣庭，译. 上海：上海科学技术出版社，2016.

[8] BARENCO A, BENNETT C H, CLEVE R, et al. Elementary gates for quantum computation[J]. Physical Review A, 1995,52(5)：3457 - 3467.

[9] DEUTSCH D. Quantum theory, the Church-Turing Principle and the universal quantum computer [J]. Proceedings of the Royal Society of London. Series A, Mathematical Physical and Engineering Sciences, 1985, 400(1818)：97 - 117.

[10] DEUTSCH D, JOZSA R. Rapid solution of problems by quantum computation[J]. Proceedings of the Royal Society of London, Series A：Mathematical Physical and Engineering Sciences, 1992,439(1907)：553 - 558.

[11] SHOR P W. Algorithms for quantum computation：discrete logarithms and factoring[C]// 35th Annual Symposium on Foundations of Computer

Science，Nov. 1994，Santa Fe，NM，USA. Washington，DC，USA：IEEE Computer Society Technical Committee on the Mathematical Foundations of Computing，1994：124 - 134.

[12] SHOR P W. Polynomial-time algorithms for prime factorization and discrete logarithms on a quantum computer[J]. SIAM Journal on Computing，1997,26(5)：1484 - 1509.

[13] GROVER L K. A fast quantum mechanical algorithm for database search [C]// 28th Annual ACM Symposium on Theory of Computing，May 1996，Philadelphia，PA，USA. New York，NY，USA：Association for Computing Machinery Special Interest Group in Algorithms and Computation Theory(ACM SIGACT)，1996：212 - 219.

[14] GROVER L K. Quantum Mechanics Helps in Searching for a Needle in a Haystack[J]. Physical Review Letters，1997,79(2)：325 - 328.

[15] HARROW A W，HASSIDIM A，LLOYD S. Quantum Algorithm for Linear Systems of Equations[J]. Physical Review Letters，2009,103(15)：150502.

[16] DERVOVIC D，HERBSTER M，MOUNTNEY P，et al. Quantum linear systems algorithms：a primer[EB/OL]. [2021 - 09 - 30]. https：//api. semanticscholar. org/CorpusID：3486225.

[17] ARUNACHALAM S，de WOLF R. A Survey of Quantum Learning Theory[EB/OL]. [2021 - 10 - 07]. https：//api. semanticscholar. org/ CorpusID：14617477.

[18] 须田信英，儿玉慎三，池田雅夫. 自动控制中的矩阵理论[M]. 曹长修，译. 北京：科学出版社，1979.

[19] 程云鹏，张凯院，徐仲. 矩阵论[M]. 西安：西北工业大学出版社，1989.

[20] 王育民，刘建伟. 通信网的安全：理论与技术[M]. 西安：西安电子科技大学出版社，1999.

[21] 贾晶，陈元，王丽娜. 信息系统的安全与保密[M]. 北京：清华大学出版社，1999.

[22] 杨波. 网络安全理论与应用[M]. 北京：电子工业出版社，2002.